REIHE AUTOMATISIERUNGSTECHNIK

7

Herausgegeben von B. Wagner und G. Schwarze

Elektronische Bauelemente in der Automatisierungstechnik

Klaus Götte

3., überarbeitete Auflage

Springer-Verlag Berlin Heidelberg GmbH

ISBN 978-3-322-98387-9   ISBN 978-3-322-99135-5 (eBook)
DOI 10.1007/978-3-322-99135-5

Lektor: *Jürgen Reichenbach*
Bestellnummer: 7/3/3957   ES 20 K 2   DK 621.382

VLN 210. Dg. Nr. 370/86/67 Deutsche Demokratische Republik

Einbandgestaltung: *Kurt Beckert*

Eingetragene Schutzmarke des Warenzeichenverbandes
Regelungstechnik e. V., Berlin

Inhaltsverzeichnis

1. Einleitung

Elektronischen Geräten kommen in der Automatisierungstechnik vielfältige Aufgaben zu. Sie übernehmen die Erfassung physikalischer Größen[1]), die für einen Prozeß und seinen Ablauf charakteristisch und maßgebend sind, wandeln diese Meßgrößen in elektrische Signale verschiedenster Form[2]), formen verschiedene elektrische Signale ineinander um, führen Rechenoperationen[3]) zwischen mehreren Signalen aus und dienen zur Signalverstärkung bis zu Leistungen, die durch Steuerung einer Stelleinrichtung in den zu überwachenden Prozeß einzugreifen vermögen. Zum Verständnis der Arbeitsweise elektronischer Geräte ist die Kenntnis der Eigenschaften seiner kleinsten, konstruktiv abgeschlossenen Funktionselemente notwendig, die wir elektronische Bauelemente nennen. Ihnen gemeinsam ist die elektrische Stromleitung durch Elektronen oder Ionen, die kleinsten elektrischen Einheiten, sowohl im Vakuum, im gasgefüllten Volumen als auch im Festkörper.
Wir unterscheiden dabei passive Bauelemente, denen vorwiegend Hilfsaufgaben zukommen, von aktiven Bauelementen, die einer Signalverstärkung fähig sind. Während elektronische Geräte eine umfangreiche Anzahl von Funktionen umfassen, lassen sich die darin enthaltenen, nach einer sinnvollen Schaltung zusammenwirkenden Bauelemente in wenige Gruppen gliedern, wobei für Bauelemente einer Gruppe gleichartiges physikalisches Verhalten besteht. Die Auswahl eines bestimmten Bauelements aus einer Gruppe erfolgt nach speziellen Gesichtspunkten, wie z. B. Empfindlichkeit, Lebensdauer oder Verstärkungsgrad. Nicht jedes elektronische Gerät enthält ausschließlich elektronische Bauelemente; es können auch in kleinerem Umfang elektrische Bauelemente, wie z. B. Relais, induktive Geber, Hallgeneratoren, beteiligt sein.[4])
Die Betriebssicherheit eines elektronischen Geräts hängt von der Zuverlässigkeit des schwächsten Funktionselements ab. Die Zuverlässigkeit kann durch die verschiedensten Faktoren — Umgebungstemperatur, mechanische Beanspruchung durch Vibrationen und Stöße, chemisch aggressive Medien, Abnutzungs- und Alterungserscheinungen der Bauelemente — beeinträchtigt sein. Bereits vom Hersteller der Bauelemente wird die Betriebssicherheit von Geräten, in denen diese Bauelemente verwendet werden, wesentlich vorausbestimmt. Durch Aussortierung von sog. Frühausfällen (Total- und Toleranzausfällen) unter den Bauelementen einer Serie, die vorwiegend durch Fabrikationsfehler bedingt sind, trägt der Hersteller entscheidend dazu bei, daß nur solche Bauelemente in Automatisierungsgeräten eingesetzt werden, die nach den vorliegenden Erfahrungen über ihr weiteres Verhalten bis zum Ende ihrer Lebensdauer durch begrenzte, mehr oder minder starke Abweichung von ihren Soll-Kenndaten gekennzeichnet sind. Diese Abweichungen sind vom Hersteller im Daten-

---

[1]) Siehe [6], S. 21. [2]) Siehe [6], S. 44 f. [3]) Siehe [6], S. 33 f. [4]) Siehe [3].

blatt vermerkt und können bei der Entwicklung eines Geräts unter Beachtung weiterer obengenannter Einflußfaktoren eingerechnet werden.

Die Betriebssicherheit elektronischer Geräte wird ferner auf der Anwenderseite durch unsachgemäße Wartung gemindert. Eine sachgemäße Wartung elektronischer Geräte der Automatisierungstechnik setzt in steigendem Maß Kenntnisse über Eigenschaften der Bauelemente und ihr Verhalten gegenüber den genannten Einflußfaktoren voraus, so daß in den Abschnitten neben dem Aufbau und der Wirkungsweise der Bauelemente die Grenzen ihrer Leistungsfähigkeit, ihr Temperaturverhalten, ihre Lebensdauer und ihre typischen Einsatzgebiete sowie Vergleiche zwischen gleichartigen Bauelementen angeführt werden. Ergänzend sind Bauformen, Schalt- und Typenzeichen charakteristischer Vertreter einer Bauelementengruppe sowie wichtige Sonderausführungen beschrieben.

2. Passive Bauelemente

Passive elektronische Bauelemente haben die Aufgabe der Signalumformung bzw. üben eine funktionsstabilisierende Aufgabe aus. Die Signale können elektrischer Natur (Strom, Spannung, Widerstand), thermischer Natur (Temperatur, Heiz-, Kühlleistung) oder von Lichtcharakter (Beleuchtungsstärke) sein. Eine elektrische Leistungsverstärkung findet bei der Signalumformung nicht statt, jedoch eine Energieumformung und ein Leistungsumsatz.

Bei der Umformung eines Signals in ein anderes (im erweiterten Sinn auch bei der Signalstabilisierung oder -begrenzung) nutzt man jene physikalischen Eigenschaften des betreffenden Bauelements aus, die einen eindeutigen, charakteristischen Zusammenhang zwischen den Signalformen ergeben; dieser Zusammenhang wird anschaulich in Kennlinien dargestellt. So wird bei Dioden und Gleichrichtern der stromrichtungs- bzw. stromstärkeabhängige Widerstand zur Umformung von Wechsel- in Gleichstromsignale bzw. umgekehrt verwendet. Zu thermoelektrischen Bauelementen sind temperaturabhängige Widerstände und gleichstromgespeiste Heiz- bzw. Kühlelemente zu rechnen, während fotoelektronische Bauelemente beleuchtungsabhängige elektrische Eigenschaften aufweisen. Bauelemente zur Spannungsstabilisierung zeichnen sich durch einen geringen dynamischen (differentiellen) Widerstand[1]) aus.

2.1. Dioden und Gleichrichter

Beiden Bauelementen ist das gleiche Verhalten eigen: Der elektrische Widerstand ist in der Stromdurchlaßrichtung wesentlich kleiner als in der Sperrichtung. Außerdem ist in Durchlaßrichtung für kleine Ströme der Widerstand stark stromstärkeabhängig. Die Grenze zwischen Dioden und Gleichrichtern ist nicht scharf zu ziehen, jedoch dienen Dioden vorwiegend zur Umformung von Wechselstromsignalen kleiner Leistung in

---

[1]) Ein Bauelement mit geringem differentiellen Widerstand zeigt geringe Spannungsänderungen bei großen Stromänderungen.

Gleichstromsignale, im Durchlaßbereich bei geeigneter Zusammenarbeit mit anderen Bauelementen auch zur Umformung eines Gleichstromsignals in ein Wechselstromsignal, während Gleichrichter hauptsächlich zur Gleichrichtung von Wechselströmen bei großem Strombedarf angewendet werden. Dioden und Gleichrichter werden als Vakuumröhren, gasgefüllte Röhren und Halbleiterbauelemente ausgeführt.

2.1.1. *Vakuumröhrendioden und -gleichrichter*

Eine Vakuum-Elektronen-Röhre besteht aus einem nahezu luftleer ge-pumpten und abgeschmolzenen Kolben aus Glas oder (seltener) Stahl, in dem sich mindestens zwei Elektroden, Katode und Anode, befinden (Bild 1). Die zum Stromdurchgang erforderlichen Ladungsträger, Elek-tronen (negative Teilchen), werden aus der Katode durch Heizen frei-gesetzt. Die Katode besteht aus einem Nickelröhrchen, das zur Erreichung

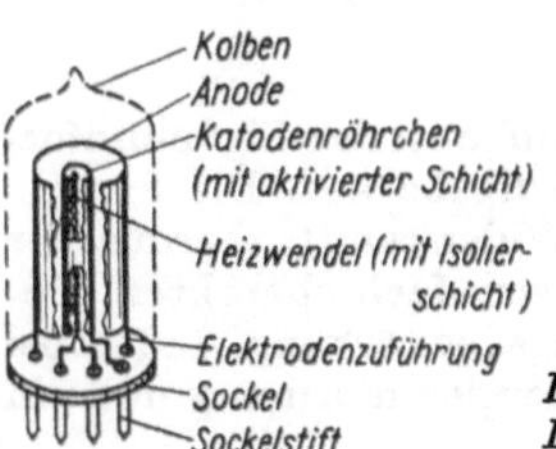

Bild 1
Indirekt geheizte Vakuumröhrendiode (schematisch)

einer niedrigen Austrittsarbeit für die Elektronen mit einer Schicht aus stark emissionsfähigem Material (Erdalkalioxid) überzogen ist (aktivierte Katode). Die zur Elektronenemission notwendige Katodentemperatur (700 bis 800 °C) wird durch eine vorgeschriebene Heizleistung aufrecht-erhalten, die in einer Heizwendel umgesetzt wird. Die Heizwendel befindet sich — elektrisch isoliert durch eine Zementschicht oder ein eingeschobenes Keramikröhrchen — innerhalb des Katodenröhrchens (indirekt geheizte Katode)[1]. Im Interesse der Lebensdauer der Röhre muß die vorgeschrie-bene Heizleistung recht genau eingehalten werden, da eine Unterheizung zur Emissionsverarmung, eine Überheizung infolge Verdampfung der aktiven Schicht zur Unbrauchbarkeit der Oxidkatode führt. Erfahrungs-gemäß sind Heizspannungsschwankungen von $\pm\,5\%$ zulässig.
Zur Heizung wird vorzugsweise Wechselstrom, wegen des Aufwands an Gleichrichtern selten Gleichstrom verwendet, und die Heizspannung wird vorwiegend einem Heiztransformator entnommen.
Die Anode in einer Vakuumelektronenröhre ist als metallischer Hohl-zylinder ausgeführt und um die Katode als Zentrum angeordnet. Die Größe ihrer Oberfläche richtet sich nach der in der Röhre umgesetzten Leistung, so daß verständlicherweise die Anode einer Vakuumgleichrichter-röhre wesentlich größer als die einer Diode ist.

[1] Direktgeheizte Katoden, bei denen das System aus aktiviertem Nickelröhrchen und isolierter Heizwendel durch eine mit der aktiven Schicht überzogene Wendel ersetzt ist, werden wegen der fehlenden galvanischen Trennung zwischen Heiz- und Steuerkreis in der Automatisierungs-technik nicht verwendet.

Der Aufbau des Elektrodensystems wird durch steife Isolierteile vervollständigt, die die Abstände zwischen den Bestandteilen des Systems (Heizwendel, Katode, Anode) festlegen und das System selbst im Kolben verankern; sie sind im Bild 1 im Interesse der Übersicht weggelassen. Das Bild zeigt aber schematisch die leitenden, drahtförmigen Verbindungen zwischen den Elektroden und den im Kolbenboden eingeschmolzenen Sockelstiften; bei älteren Röhrentypen sind die Zuleitungen durch einen Quetschfuß am Glaskolben herausgeführt und mit den Stiften eines angekitteten Sockels verlötet.

Wirkungsweise einer Vakuumröhrendiode

Die aus der Katode durch Glühemission freigesetzten Elektronen können nur unter der Einwirkung eines elektrischen Feldes, das die Elektronen in Richtung Anode beschleunigt, zu Ladungsträgern eines merklichen Stromes durch die Diode werden. Da Elektronen negativ geladen sind, werden sie

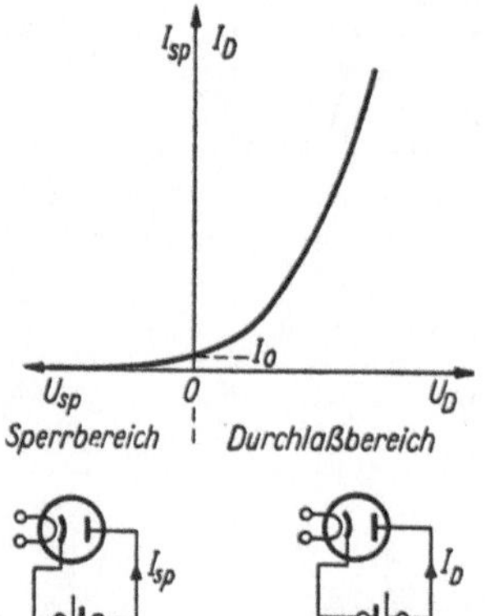

Bild 2
Strom-Spannungs-Kennlinie einer Vakuumröhrendiode mit Schaltung im Durchlaß- und Sperrbereich

zur Anode gezogen, wenn diese positiv gegenüber der Katode ist (Bild 2). Bei dieser Polung einer angelegten Spannung betreibt man die Diode in Durchlaßrichtung. (Der Elektronenstrom ist hierbei von der Katode zur Anode gerichtet, also entgegengesetzt der technisch vereinbarten Stromrichtung I_D vom Pluspol zum Minuspol.)

Den Elektronen bietet sich im Vakuum kein merklicher Widerstand, so daß in Durchlaßrichtung die Katode-Anode-Strecke praktisch einen Kurzschluß darstellt, d. h., die Strom-Spannungs-Kennlinie im Durchlaßbereich (Bild 2) zeigt bereits bei kleinen Spannungen U_D einen großen Strom. Der maximale Durchlaßstrom ist durch die zulässige Anodenbelastung vorgeschrieben und liegt wesentlich unter der Elektronenergiebigkeit der Katode.

Auch bei Verringerung der angelegten Spannung auf Null stellt man noch einen Diodenstrom I_0 fest. Er erklärt sich daraus, daß nicht die Gesamtheit, sondern nur die überwiegende Anzahl der aus der Katode

emittierten Elektronen eine mittlere Geschwindigkeit aufweist; der Rest
hat eine höhere Geschwindigkeit als die mittlere und gelangt ohne ein
treibendes Feld oder sogar entgegen einem schwachen Gegenfeld zur
Anode. Damit zeigt sich für kleine Sperrspannungen bis zu etwa 1 V nach
Bild 2 noch ein merklicher Sperrstrom I_{sp}. Gegen betragsmäßig große
Sperrspannungen U_{sp} können die Elektronen nicht an, der Sperrstrom
wird zu Null.

Wir stellen somit für eine Dioden- bzw. Gleichrichterröhre in Durchlaßrichtung einen kleinen, in Sperrichtung einen großen Widerstand fest.
Diese Eigenschaft nutzt man zur Gleichrichtung von Wechselstromsignalen
in der Meßtechnik und bei der Stromversorgung von Geräten aus.

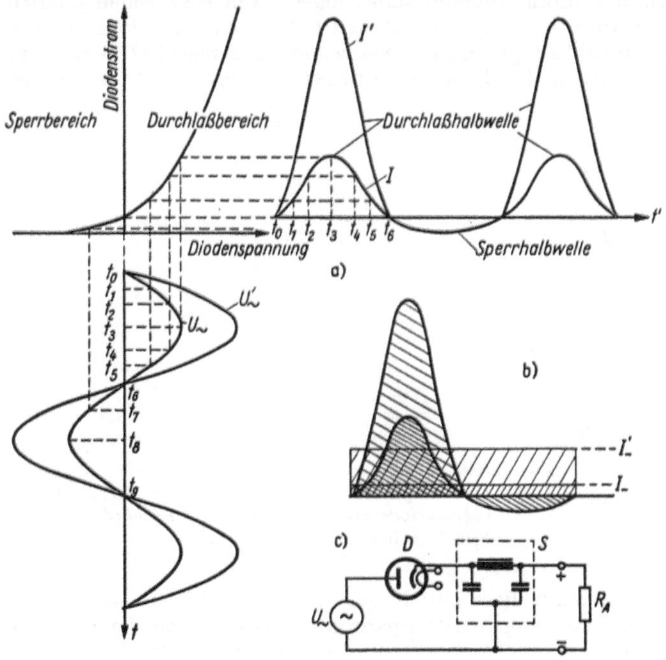

Bild 3. Einweggleichrichtung einer Wechselspannung
a) Konstruktion des Diodenstroms; b) geglätteter Diodenstrom; c) Schaltung

Im Bild 3a ist auf der Zeitachse t eine Wechselspannung $U_\sim$ dargestellt,
die an eine Diode gelegt ist. Den sich ergebenden Diodenstrom I erhalten
wir durch punktweise Konstruktion. Wir tragen über einer Zeitachse t'
gleicher Zeiteinteilung die Augenblickswerte des Diodenstroms auf, die in
den beliebig gewählten Zeitpunkten t_0, t_1, ..., t_8 usw. zu den gegebenen
Wechselspannungswerten gehören und der Diodenkennlinie im Durchlaß-
und Sperrbereich entnommen werden. Der Diodenstrom ist ein pulsierender
Gleichstrom, d. h., er hat nicht zu jedem Zeitpunkt den gleichen Wert,
sondern schwankt im Rhythmus der Wechselspannung. Er zeigt außerdem

8

wegen der unvollkommenen Sperrwirkung der Diode einen Anteil in der
Sperrhalbwelle, der allerdings um so mehr vom Durchlaßanteil überwogen
wird, je größer die angelegte Wechselspannung ist (bei praktisch gleichbleibendem Sperranteil ist der zu $U'_\sim$ gehörende Durchlaßanteil I' größer
als der $U_\sim$ zugeordnete Anteil I). Es kann daher von einem Gleichstrom
(in Durchlaßrichtung) gesprochen werden. Die Glättung des pulsierenden
Gleichstroms I bzw. I' kann durch eine Siebschaltung (Anordnung aus
Lade- und Siebkondensator mit Drossel) auf einen Gleichstrom I_- bzw. I'_-
erfolgen, dem nur eine kleine mehr oder minder störende Restwechsel-
spannung (bei Rundfunkgertäen als Netzbrumm bekannt) überlagert ist.

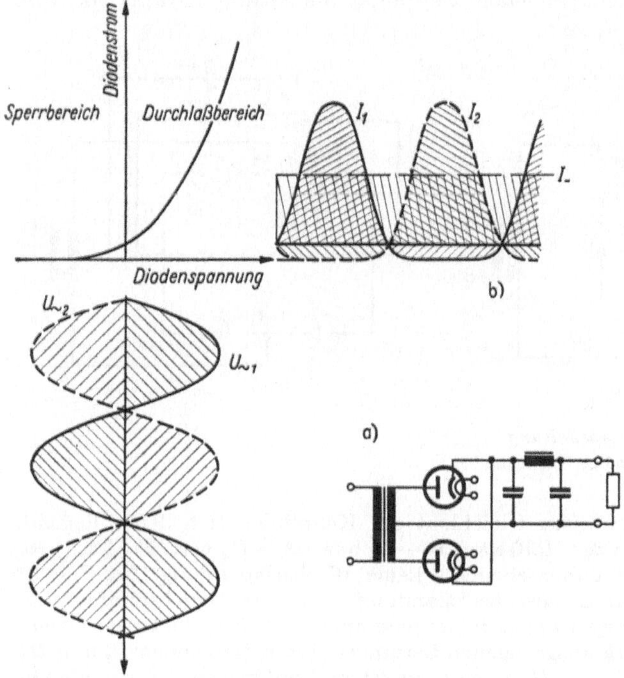

Bild 4. Doppelweggleichrichtung
a) Diodenströme; b) Schaltungsbeispiel

Die Wirkung der Siebanordnung kann mit Bild 3b als Verteilung der von
der Durchlaßhalbwelle umschlossenen Fläche (abzüglich der Fläche der
Sperrhalbwelle) auf die volle Periodendauer dargestellt werden; die Höhe
dieser Fläche ergibt den reinen Gleichstromwert I_- bzw. I'_-.
Zur Verwertung des erhaltenen Gleichstroms als Meßsignal bzw. zur
Stromversorgung schaltet man nach Bild 3c den Verbraucher R_A (Meß-
instrument bzw. stromversorgtes Gerät) in Reihe zur wechselspannungs-
gespeisten Diode D (bzw. Gleichrichterröhre) mit der Siebanordnung S.
Läßt man zwei um eine Halbwelle gegeneinander verschobene Wechsel-

spannungen $U_{\sim1}$ und $U_{\sim2}$, etwa nach Bild 4a die Teilspannungen eines Transformators mit Mittelanzapfung, auf je eine Diodenstrecke arbeiten, so erhält man bei dieser Doppelwegschaltung eine vervollkommnete Gleichrichtung in der nun ohne weiteres verständlichen Darstellung nach Bild 4b.

In der Meßtechnik verwendet man Dioden auch zur Umformung eines Gleichstromsignals in ein Wechselstromsignal. Dabei nutzt man die Kennlinienkrümmung im Durchlaßbereich aus, die bei der Gleichrichteranordnung unangenehme Kurvenverzerrung wie im Bild 3a (Kurve I) bringen kann; sie deutet auf einen von der angelegten Spannung abhängigen Durchlaßwiderstand hin. Zwischen den Punkten A und B einer wechselstromgespeisten Brücke aus paarweise gleichen Dioden D_1, D_2 und D_3, D_4 nach Bild 5a besteht zu jedem Zeitpunkt die Spannungsdifferenz Null,

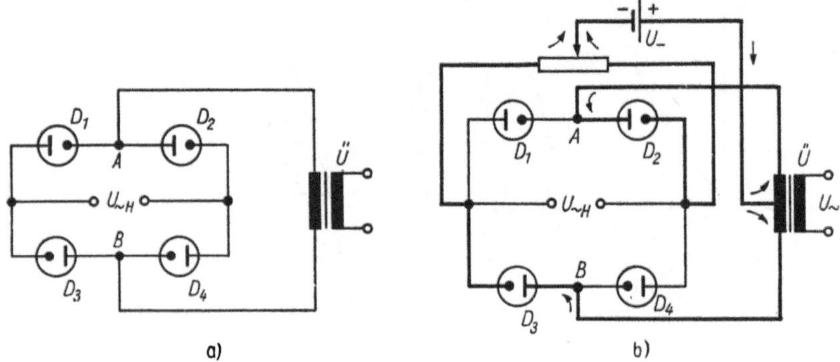

Bild 5. Ringmodulatorschaltung
a) Hilfskreis; b) vollständige Schaltung

da wegen der paarweisen Gleichheit der Kennlinien sich der anliegende Augenblickswert je zur Hälfte auf D_1—D_2 bzw. D_3—D_4 verteilt. Am Übertrager $\ddot{U}$ erscheint daher ebenfalls keine Wechselspannung. Im Bild 5b wird zusätzlich zur Hilfswechselspannung $U_{\sim H}$ eine Gleichspannung U_- in die Brücke eingespeist; bei der angenommenen Polung fließt der Gleichstrom über die stark ausgezogenen Leitungen durch die Dioden D_2 und D_3. Damit erhält die Diode D_2 einen Grundstrom und wegen der Kennlinienkrümmung folglich einen von D_1 verschiedenen Widerstand; ebenso geschieht es mit D_3 gegenüber D_4. Demzufolge teilt sich die angelegte Hilfswechselspannung $U_{\sim H}$ nicht mehr gleichmäßig auf die Strecken D_1—D_2 und D_3—D_4 auf; es erscheint zwischen den Punkten A und B und damit am Übertrager $\ddot{U}$ eine der Gleichspannung U_- etwa proportionale Wechselspannung $U_\sim$, deren Phasenlage sich bei Polungswechsel von U_- umkehrt. Diese Anordnung nennt man Ringmodulatorschaltung.

Da Dioden vorwiegend zur Umwandlung von Meßsignalen, Gleichrichterröhren zur Stromversorgung verwendet werden, kommt es bei den ersten auf eine zeitlich konstante Kennlinie, bei den zweiten auf eine gleichbleibende Emissionsfähigkeit der Katode an. Dioden und Gleichrichter werden sowohl in ein- als auch zweianodiger Ausführung hergestellt.

Der Einsatz von Vakuumröhrendioden und -gleichrichtern in der Automatisierungstechnik ist zugunsten von Halbleiterbauelementen gleicher Funktion sehr stark zurückgegangen und beschränkt sich auf Fälle, bei denen ein sehr kleiner Sperrstrom oder eine sehr hohe Sperrspannung verlangt wird. Diese Entwicklung setzt sich in dem Maß fort, wie die technischen Daten von Halbleiterdioden und -gleichrichtern alle Kennwerte von Röhren erreichen. Dagegen haben die gezeigten Funktionsbeispiele und Schaltungsanordnungen für alle Arten von Dioden und Gleichrichtern grundsätzliche Gültigkeit.

Auf Typenkennzeichnung von Vakuumdioden und -gleichrichterröhren, auf Lebensdauer und Wartungsvorschriften wird im Zusammenhang mit Vakuumelektronenröhren (Abschn. 3.1.) eingegangen; dort zeigt auch ein Foto u. a. die Ansicht einer Diode. Ein Vergleich zu anderen gleichrichtenden Bauelementen wird im Abschn. 2.1.3. gezogen.

2.1.2. *Gasgefüllte Gleichrichterröhren*

Diese Bauelemente sind Gleichrichter, deren Kolbenraum nach dem Evakuieren mit einem Edelgas (wie Helium, Argon, Krypton, Xenon) oder Quecksilberdampf unter geringem Druck gefüllt worden ist. Unter dieser Bedingung ergibt sich eine völlig andere physikalische Wirkungsweise als bei der Vakuumgleichrichterröhre.

Zunächst werden Elektronen durch die geheizte Katode abgegeben. Bei Anlegen einer zunehmenden Gleichspannung zwischen Anode (Pluspol) und Katode ergibt sich als Folge einer unselbständigen (durch die emittierten Elektronen unterstützten) Gasentladung ein Durchlaßstrom etwa proportional der angelegten Spannung. Bei Erreichen der Zündspannung wächst der Durchlaßstrom lawinenartig an und muß, um die Röhre vor der Zerstörung zu bewahren, durch einen Vor- oder Lastwiderstand begrenzt werden.

Die starke Stromzunahme erklärt sich aus der Stoßwirkung der Elektronen, die durch die anliegende Spannung zur Anode beschleunigt werden und bei der Zündspannung eine Energie erhalten, die im Zusammenstoß mit Gasatomen ausreicht, aus deren Hülle je ein Elektron herauszuschlagen. Es verbleibt je ein positiv geladenes Gasatom (Ion), das zur Katode gezogen wird und zum Stromdurchgang beiträgt. Voraussetzung für das Zustandekommen einer Stoßionisation und damit einer selbständigen Gasentladung ist ein genügend langer Beschleunigungsweg bis zu einem Zusammenstoß zwischen Elektron und Gasatom, d. h., die Gasdichte darf nur sehr klein sein; anderenfalls finden Stöße bereits statt, wenn die zur Ionisation erforderliche Stoßenergie noch nicht erreicht ist. Das eingefüllte Gas hat daher einen Druck von nur etwa 0,01 Torr.

Die starke Stromzunahme beim Erreichen der Zündspannung und Einsetzen der selbständigen Entladung bedeutet ein beträchtliches Absinken des Durchlaßwiderstands. Dieser Tatbestand wird auch noch durch das Absinken der zwischen Anode und Katode liegenden Spannung vom Zündspannungswert auf den Wert der Brenn- (oder Bogen-) Spannung unterstrichen; der Spannungsrest liegt am Lastwiderstand. Die Bogenspannung reicht zur Aufrechterhaltung der selbständigen Entladung aus, da die primär im Stoß erzeugten Elektronen und Ionen ihrerseits wieder beschleu-

nigt werden und in sekundären Stößen andere Atome ionisieren können,
denn mit der Anzahl der Stöße steigt die Wahrscheinlichkeit zur weiteren
Ionisation. Die Bogenspannung ist von Gasart und -druck abhängig und
liegt zwischer 6 und 20 V; sie ist aber vom Durchlaßstrom nahezu unabhängig.

Sinkt die zwischen Anode und Katode liegende Spannung unter den
Wert der Bogenspannung, so erlischt die Entladung, da die Stoßionisation
ausbleibt und noch vorhandene Ionen sich mit Elektronen zu neutralen
Atomen wieder vereinigen. Bei Umpolung der angelegten Spannung
(Anode = Minuspol) sperrt die Gleichrichterröhre, da die Elektronen an
der Katode verbleiben.

Eine mit einem Verbraucherwiderstand in Reihe geschaltete gasgefüllte
Gleichrichterröhre liefert somit bei Anlegen einer Wechselspannung einen
pulsierenden Gleichstrom, wenn der maximale Momentanwert der Wechselspannung in der Durchlaßhalbwelle den Zündspannungswert überschreitet.

Edelgasgefüllte Gleichrichterröhren eignen sich für niedrige Spannungen
und Ströme bis 20 A; ihre Anwendung ist durch den Einsatz von Halb-
leitergleichrichtern stark zurückgegangen. Quecksilberdampfgefüllte Typen
sind bis 20 kV und 5 A brauchbar.

Für höhere Durchlaßströme (bis 500 A in Glas-, bis 1000 A in Stahlkolben) werden wegen der begrenzten Ergiebigkeit der Glühkatode Queck-
silberkatoden verwendet; ihr zugeordnet ist eine Hilfsanode. An diese
Hilfsstrecke legt man über einen Vorwiderstand eine Hilfsgleichspannung.
Im Kolbenraum sind stets Elektronen und Ionen vorhanden, die durch
Stoßionisation zwischen neutralen Gasatomen und Teilchen der natür-
lichen radioaktiven Strahlung der Atmosphäre oder durch kurzwelliges,
ultraviolettes Licht erzeugt worden sind. Die Ladungsträgerzahl kann
nicht unbegrenzt anwachsen, da gleichzeitig Wiedervereinigungen zwischen
Elektronen und Ionen zu neutralen Gasatomen stattfinden. Die angelegte
Hilfsspannung zieht Elektronen zur Anode, Ionen zur Katode. Liegt der
Hilfsspannungswert oberhalb der Zündspannung der Hilfsstrecke, so setzt
wie im Kolbenraum einer gasgefüllten Gleichrichterröhre mit Glühkatode
eine selbständige, dauernde Gasentladung ein. Dabei erhitzen die auf die
Quecksilberkatode aufschlagenden Ionen das Quecksilber derart, daß im
Bereich des Brennflecks sowohl Quecksilber verdampft als auch wie bei
einer Glühkatode Elektronen emittiert werden.

Gasgefüllte Gleichrichter werden mit einer Anode als Einweggleichrichter,
mit zwei Anoden als Zweiweggleichrichter und mit drei oder sechs Anoden
für Drei- oder Sechsphasenschaltungen hergestellt. In der Automatisierungstechnik haben sie wenig Bedeutung, da die ungesteuerte Gleichrichtung derart hoher Ströme selten erforderlich ist.

2.1.3. *Halbleiterdioden und -gleichrichter*

Grundbestandteil dieser Bauelemente ist eine Sperrschicht; sie wird bei
polykristallinen Gleichrichtern, wie Kupferoxidulgleichrichtern, und ein-
kristallinen Dioden, wie Germanium- und Siliziumdioden, durch einen
Metall-Halbleiter-Kontakt, bei Selen-, Germanium- und Siliziumgleichrichtern durch einen pn-Übergang gebildet. Zum Verständnis der Wir-

kungsweise eines Metall-Halbleiter-Kontakts bzw. pn-Übergangs als stromrichtungsabhängiger Widerstand betrachten wir Eigenschaften von metallischen Leitern und Halbleitermaterialien sowie deren Kontaktstellen.

In festen Leitermaterialien sind relativ frei bewegliche Elektronen als Ladungsträger vorhanden; unter dem Einfluß einer elektrischen Spannung wandern sie gegen einen kleinen richtungsabhängigen Widerstand, der durch ihre schwache Wechselwirkung mit den Kristallbausteinen verursacht wird. (Isolatoren haben dagegen keine freien Ladungsträger.) Halbleiter — es interessieren technisch nur Festmaterialien — nehmen eine breite Mittelstellung zwischen Leitern und Isolatoren ein. Die Elektronen sind in einem stark temperaturabhängigen Maß an die Hüllen der Kristallbausteine (Atome, Moleküle) gebunden. Da die Temperaturerhöhung eines Materials die Zunahme seiner Wärmeenergie bedeutet und diese sich als Bewegungsenergie auf die Kristallbausteine verteilt, steigert sich deren gegenseitig schwingende Bewegung. Bereits bei Zimmertemperatur ist dadurch die Bindung der Elektronen an die Kristallbausteine gelockert, für einige sogar aufgebrochen. Jedes von einem Kristallbaustein gelöste Elektron hinterläßt eine Fehlstelle, in der außer der Masse des Elektrons auch seine Ladung abwesend ist. Der ursprünglich neutrale Kristallbaustein bleibt somit positiv geladen zurück; diese elektrische Ladung schreibt man der Fehlstelle selbst zu und bezeichnet sie als Defektelektron, Elektronfehlstelle oder einfach als Loch. Löcher tragen neben den Elektronen zur Leitfähigkeit eines Halbleiters bei, indem unter dem Einfluß einer elektrischen Spannung die in ihrer Bindung gelockerten Elektronen von Loch zu Loch wandern, so daß den Löchern eine entgegengesetzte Bewegung zugeschrieben werden kann. Da Ladungszustand und Bewegungsrichtung der Löcher entgegengesetzt zu diesen Größen der Elektronen sind, addieren sich Löcher- und Elektronenstrom zum Gesamtstrom.

Die Eigenleitfähigkeit eines hochreinen Halbleitermaterials setzt sich daher aus der durch Elektronen hervorgerufenen n- (negativen) Leitfähigkeit und der von Löchern verursachten p- (positiven) Leitfähigkeit zusammen. Obwohl zu jedem aus seiner Bindung gelösten Elektron ein Loch entsteht, also im hochreinen Material die Elektronenzahl gleich der Löcherzahl ist, übersteigt der Beitrag der n-Leitfähigkeit den der p-Leitfähigkeit, weil der Leitungsmechanismus durch Löcher komplizierter ist. Insgesamt erscheint daher eigenleitendes Material stets n-leitend.

Die Gleichheit von Löcher- und Elektronenzahl in hochreinem Halbleitermaterial kann durch kontrolliertes Einbringen von Spuren eines Fremdstoffs gestört werden; dieser Vorgang wird Dopung oder Dotierung genannt. Die Bausteine des Fremdstoffs lagern sich als Störstellen zwischen den Bausteinen des Grundstoffs ein. Grundmaterial sind dabei vorwiegend Germanium und Silizium, Elemente der vierten Gruppe des Periodischen Systems der Elemente. Besteht der Fremdstoff aus Atomen eines Elements der fünften Periodengruppe (z. B. Arsen, Antimon, Phosphor), so wirkt er elektronenspendend, ohne zugleich die Löcherzahl zu vermehren; man nennt ihn daher Donator. Im derart verunreinigten Halbleiter überwiegt somit weiterhin die n-Leitfähigkeit.

Elemente der dritten Periodengruppe (wie Aluminium, Bor, Indium) wirken auf das Grundmaterial elektronenentziehend; man nennt sie daher

Akzeptoren. Die Löcherzahl erhöht sich durch diesen Vorgang, so daß bei genügender Akzeptorenkonzentration die n-Leitfähigkeit von der p-Leitfähigkeit überdeckt werden kann. Bei abermaliger Zugabe von Donatoren (Kontradopung) kann die p- wieder in n-Leitfähigkeit umgewandelt werden.

Beachten wir zusammenfassend: Die Leitfähigkeit eines Halbleiters beruht auf beiden Ladungsträgerarten, Elektronen und Löchern. Bei n-Leitfähigkeit sind die Elektronen Majoritätsträger, die Löcher Minoritätsträger; man nennt diese Leitfähigkeit daher auch Überschußleitfähigkeit (Überschuß an Elektronen). Umgekehrtes gilt für die p-Leitfähigkeit (Mangelleitfähigkeit, Mangel an Elektronen). Weder bei eigenleitendem noch bei dotiertem Material äußert sich jedoch das Vorhandensein dieser Ladungsträger als Ladung nach außen, da die Ladungsträger den Kristall- bzw. Störstellen entstammen und mit ihnen zusammen neutrales Verhalten ergeben.

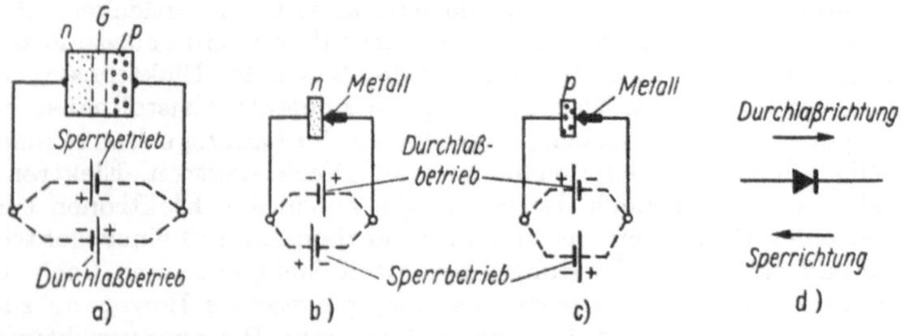

Bild 6

a) pn-Übergang im Durchlaß- und Sperrbereich;
b) Metall-Halbleiterkontakt (n-leitend) } im Durchlaß- und Sperrbereich;
c) Metall-Halbleiterkontakt (p-leitend)
d) Schaltzeichen für Halbleiterdiode und -gleichrichter

Ein pn-Übergang besteht aus einem Stück Halbleitermaterial, in dem zwei Zonen entgegengesetzter Leitfähigkeit aneinandergrenzen (Bild 6a). In der Grenzschicht G besteht durch Wiedervereinigungen zwischen Elektronen und Löchern ein Mangel an beiden Ladungsträgerarten, während in der n-leitenden Zone Elektronen, in der p-leitenden Zone Löcher im Überschuß vorhanden sind. Dieser Zustand bleibt bei Anlegen einer Gleichspannung mit dem Pluspol an der n-Schicht erhalten, da die Elektronen der n-Zone von der Grenzschicht weg und zum Pluspol, die Löcher in der p-Zone zum Minuspol gezogen werden. Diese weitere Verarmung der Grenzschicht an Ladungsträgern läßt keinen Strom an Majoritätsträgern über den pn-Übergang zustande kommen; der auftretende geringe Sperrstrom stammt von den entgegengesetzt wandernden Minoritätsträgern. Bei dieser Polung der angelegten Spannung wirkt demnach der pn-Übergang als Gleichrichter in Sperrichtung. Bei Umpolung der angelegten Spannung wird die Verarmung der Grenzschicht aufgehoben, indem Elektronen durch die Grenzschicht und die p-Zone zum Pluspol, Löcher durch die n-Zone zum Minuspol wandern. Der pn-Übergang wird damit in Durchlaßrichtung betrieben.

Die Herstellung eines pn-Übergangs erfolgt unmittelbar im Anschluß an die Reinigung eines eigenleitenden Grundmaterials. Entweder wird durch Einbringen von Störstellenmaterial rein p- oder n-leitendes Material erzeugt, das nach seiner Zerlegung in Teile mit den Abmessungen des gewünschten Gleichrichters einzeln kontragedopt wird, oder es werden Zonen entgegengesetzter Leitfähigkeit durch wechselnde Dopung, d. h. pn-Scheiben, hergestellt.

Der nach einem der beiden Verfahren hergestellte flächenhafte pn-Übergang wird mit Kontakten versehen und zum Schutz gegen mechanische, chemische und Wärmeeinflüsse aus der Umgebung in einer Metallhülle mit Gewinde zur Montage auf eine Kühlfläche untergebracht. Der flächenhafte pn-Übergang dieser Gleichrichter ließ auch den Namen „Flächengleichrichter" aufkommen.

Die Sperrschichteigenschaft, die für eine Kontaktzone zwischen Metall und n-Halbleiter bestehen kann, folgt aus dem Umstand, daß Elektronen zwar vom Halbleiter zum Metall wandern und dort als freie Elektronen existieren können, der umgekehrte Weg für sie aber ausgeschlossen ist, da die Metallelektronen im Halbleiter weder als freie Elektronen vorhanden sein noch Elektronfehlstellen ohne zugehöriges Elektron vorfinden können. Demnach unterstützt eine mit dem Pluspol am Metall angelegte Spannung den Elektronenfluß vom Halbleiter zum Metall; in dieser Polung betreibt man die Kontaktzone in Durchlaßrichtung (Bild 6b). Die umgepolte Spannung ruft praktisch keinen Stromdurchgang hervor, da der Elektronenübergang vom Metall zum n-Halbleiter verhindert wird.

Die Kontaktzone zwischen Metall und p-Halbleiter verarmt durch Wiedervereinigung von Löchern und Elektronen an Ladungsträgern; der Vorgang entspricht den Verhältnissen beim pn-Übergang, so daß die dort gegebene Erklärung das Bild 6c erläutert.

Den Halbleiter-Metall-Kontakt einer Germanium- oder Siliziumdiode erhält man durch Aufschweißen einer angespitzten Metalldrahtelektrode (z.B. Gold) auf ein Plättchen n- bzw. p-leitenden Halbleitermaterials mittels eines Stromstoßes. Nach der sperrschichtfreien Kontaktierung des Halbleiterplättchens wird diese Anordnung in Glas eingeschmolzen (Bild 8).

Bei Kupferoxidulgleichrichtern ist eine Kupferelektrode durch Oxydation mit einer p-leitenden Kupferoxidul- (Cu_2O-) Schicht bedeckt; die Cu_2O-Schicht wird mit einer aufgedampften Silberschicht kontaktiert.

Ein Selengleichrichterelement besteht aus einer runden oder quadratischen Metallträgerplatte (Stahl oder Aluminium), auf die durch Aufdampfen, -schmelzen, -pressen oder -galvanisieren eine Schicht gereinigten und dotierten Selens gebracht worden ist; die Deckelektrode bildet den Kontakt zum Selen. Für technisch hergestellte Selengleichrichter ist sicher, daß die Dotierungsverfahren einen pn-Übergang im Selen verursachen, demnach der Kontakt Selen-Deckelektrode nicht die Sperrschicht darstellt, wie auch die Unabhängigkeit der Gleichrichtereigenschaft vom Deckelektrodenmaterial beweist. Die Zwischenprozesse sind kompliziert und können hier nicht beschrieben werden. Durch Belastung mit einer hohen Sperrspannung wird der fertiggestellte Selengleichrichter auf einen hohen Sperrwiderstand „formiert". Diesen Herstellungsvorgängen liegen viele Erfahrungswerte zugrunde; ihre Erklärung läßt vielfach noch zu wünschen übrig. Die Durchlaßrichtung eines Selengleichrichters nach der konventionellen Festlegung der Stromrichtung weist von der Selenschicht zur Deckelektrode (daher kann man den Selengleichrichter auch als p-Halbleiter-Metall-Kontakt annehmen). Die Abmessungen von Deckelektrode und Trägerplatte werden durch den maximalen Durchlaßstrom bestimmt; die Trägerplatte dient zur Abstrahlung der infolge des Durchlaßwiderstands entwickelten Wärme. Zur Erhöhung der zugelassenen Sperrspannung schaltet man mehrere Elemente in Reihe.

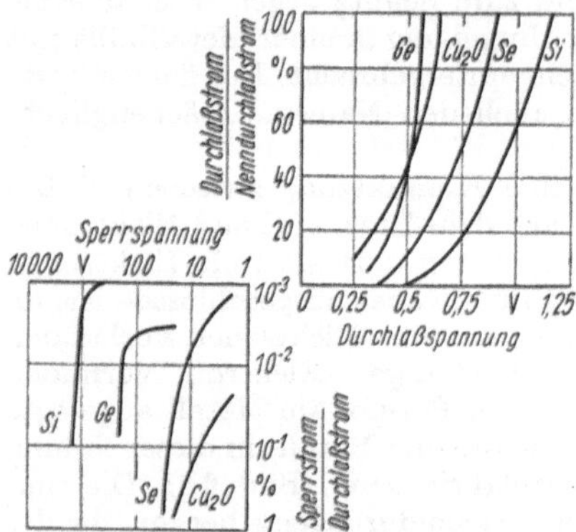

Bild 7. Strom-Spannungs-Verhältnisse von Cu$_2$O-, Selen-, Germanium- und Siliziumgleichrichtern im Durchlaß- und Sperrbereich

Die bevorzugten Anwendungsgebiete der verschiedenen Halbleiterdioden und -gleichrichter entnehmen wir der Gegenüberstellung ihrer Eigenschaften in Tafel 1, die zum vollständigen Vergleich durch Kenndaten von Vakuumröhrendioden und -gleichrichtern ergänzt ist. Die häufige Verwendung von Cu$_2$O-Gleichrichtern und Vakuumdioden zur Gleichrichtung von Meßwechselspannungen war bedingt durch den niedrigen Wert der Schleusenspannung (Durchlaßspannung, bei der ein merklich höherer Durchlaßstrom fließt als der zur gleich großen Sperrspannung gehörende Sperrstrom). Heutzutage bereitet die Verstärkung kleiner Wechselspannungen keine Schwierigkeit, so daß diese Bauelemente durch Germanium- und Siliziumdioden mit dem Vorteil höherer Grenztemperatur verdrängt worden sind und Cu$_2$O-Gleichrichter nur noch für direktanzeigende Wechselstrominstrumente (Drehspulmeßwerk) Bedeutung haben. Cu$_2$O-Gleichrichter haben insbesondere ein schlechtes Sperrstrom-Nenndurchlaßstrom-Verhältnis (s. Bild 7). Der Heizungs- und Raumbedarf bei Vakuumröhrendioden und -gleichrichtern sowie ihre begrenzte Lebensdauer im Vergleich zu Halbleiterdioden und -gleichrichtern sind Gründe dafür, daß diese Bauelemente in neuentwickelten Geräten nicht mehr anzutreffen sind.

Selengleichrichter haben den Vorzug, daß bei Überschreitung der Grenzbelastung (maximale Sperrschichttemperatur) keine plötzliche Zerstörung der Sperrschicht erfolgt, sondern eine in Abhängigkeit vom Grad der Überschreitung mehr oder weniger starke Minderung der Sperrschichteigenschaften. Dies ist ein Grund für die weitere Verwendung dieser Gleichrichter.

Tafel 1. Kennwerte von Dioden und Gleichrichtern

| | Halbleiterbauelemente | | | | Vakuumröhren- | |
	Kupfer-oxidul-gleichrichter (Cu$_2$O)	Selen-gleichrichter (Se)	Germanium-dioden und gleichrichter (Ge)	Silizium-dioden und gleichrichter (Si)	Dioden	Gleich-richter
Schleusenspannung in V	0,2	0,5	0,3	0,7	0,1	
Zugelassene effektive Sperrspannung je Element[1]) in V	6…10	25…50	140…200	750…10 000	250…500	1500
Zugelassene spezifische Strom-belastung[2]) [A/cm^2 Gleichrichterfläche] in Ein-wegschaltung (ruhende Luft) . . .	0,04	0,08	40	200	< 1	
Wirkungsgrad[3]) in %	78	92	98,5	99,6	—	
Maximale Temperatur der Sperr-schicht in °C (bzw. des Kolbens) .	50	85	65…85	150…175	200	
Relativer Raumbedarf bei gleicher Leistung[4])	30	15	3	1	30…100	
Vorteile	geringer Spannungs-abfall im Durchlaß-bereich	Unemp-findlichkeit gegen kurz-zeitige Über-lastung	geringer Raumbedarf und geringe Schleusen-spannung; hohe Grenz-frequenz,	geringer Raum-bedarf, hohe Sperrspannung und spezifische Strombelastung, hohe Grenz-frequenz; hohe Umgebungs-temperatur	hohe Grenzfrequenz	
Nachteile	geringe Sperr-spannung; niedrige obere Gren-ze der Um-gebungs-temperatur	geringe Sperr-spannung	niedrige obere Gren-ze der Um-gebungs-temperatur	großer Wert der Schleusen-spannung	Heizungs- und Raum-bedarf	

[1]) Als Element bezeichnet man eine Cu$_2$O-Zelle, Se-Gleichrichterplatte, einen pn-Übergang, Metallhalbleiterkontakt bzw. eine Anode-Katode-Strecke.
[2]) Strombelastung für Vakuumröhren, auf Katodenfläche bezogen.
[3]) Die angegebenen Zahlen sind Maximalwerte: der Wirkungsgrad einer Vakuumröhre ist von der Heizleistung abhängig, daher nicht unmittelbar vergleichbar.
[4]) Raumbedarf, auf Silizium bezogen.

Für die Gleichrichtung großer Wechselströme zu Stromversorgungszwecken sind Germanium- und Siliziumgleichrichter den übrigen Bauelementen eindeutig nach Strombelastung, Wirkungsgrad (Verhältnis von
Verbraucherleistung zu Gesamtleistung der Gleichrichteranordnung),
Sperrstrom-Nenndurchlaßstrom-Verhältnis (s. Bild 7) und Raumbedarf
überlegen. Siliziumbauelemente setzt man wegen ihres höheren Preises
vorzugsweise bei hohen Sperrspannungen und Umgebungstemperaturen
ein. Für die Gleichrichtung hochfrequenter Wechselströme eignen sich nur
Germanium-, Silizium- und Vakuumröhrendioden. Diese Bauelemente
dienen auch zu Steuer- und Schaltzwecken, indem die Polung der angelegten Spannung das Ausbleiben bzw. Auftreten eines Steuer- bzw. Schaltstroms in einem Stromkreis bestimmt, sowie zum Aufbau digitaler Schaltungsanordnungen.

Halbleiterdioden und -gleichrichter aus Germanium und Silizium sind
gegenüber einer Überschreitung der maximal zugelassenen Werte für
Sperrspannung und Betriebstemperatur sehr empfindlich. In beiden Fällen
wird die Sperrschicht augenblicklich zerstört. Insbesondere sind daher
vorgeschriebene Kühlmaßnahmen, wie Kühlflächenmontage und Fern-
halten von Lötkolbenwärme, zu beachten. Im Interesse der Lebensdauer
des Bauelements und damit der Betriebssicherheit ist bezüglich seiner
Auswahl eine großzügige Anpassung an die auftretenden Maximalwerte
von Sperrspannung, Durchlaßstrom und Betriebstemperatur angebracht,
zumal diese Kenndaten von Exemplar zu Exemplar fabrikationsbedingt
streuen und außerdem mit steigender Temperatur die Sperrfähigkeit ab-
nimmt (etwa 2 bis 4%/grd Sperrspannungsabnahme). Wegen der Streuung
der Kennwerte ist bei Parallelschaltung mehrerer Gleichrichter jeder einzelne Gleichrichter durch einen Serienwiderstand vor Überlastung zu
schützen; bei Serienschaltung von Gleichrichtern ist durch Parallelschaltung eines Widerstands zu jedem der Gleichrichter für eine gleichmäßige
Verteilung der Sperrspannung zu sorgen. Halbleiterbauelemente unterliegen auch Alterungserscheinungen; sie sind zusammen mit den Exemplar-
streuungen besonders bei symmetrisch aufgebauten Schaltungen zu beachten.

Schaltungen mit Halbleiterdioden und -gleichrichtern zu Meß- bzw.
Stromversorgungszwecken sowie zur Wechselrichtung von Gleichspannungen unterscheiden sich im Wesen nicht von denen mit Vakuumröhren
(vgl. Abschn. 2.1.1.); allerdings wird hierbei das Schaltzeichen nach Bild 6d
verwendet.

Die Typenbezeichnung von Halbleiterdioden und -gleichrichtern ist uneinheitlich. Bei Selengleichrichtern setzt sie sich beispielsweise aus folgenden
Angaben zusammen:

a) Schaltungsart, z. B. E für Gleichrichtersäule zur Einwegschaltung, M
   für Säule mit Mittelanzapfung zur Doppelwegschaltung, B für Graetz-
   schaltung,

b) maximal zulässige Sperrspannung (Effektivwert),

c) abgegebene mittlere Gleichspannung in Volt (ohne Siebmittel),

d) maximal zulässiger Durchlaßstrom (in Ampere).

So bedeutet E 200/75—0,04 mit 10 Platten eine Gleichrichtersäule für
Einwegschaltung mit je 20 V maximaler Sperrspannung je Platte, die bei
maximal 40 mA ohne Siebmittel 75 V Gleichspannung liefert.
Die Bezeichnung von Germanium- und Siliziumdioden und -gleichrichtern
wählt man oft in Anlehnung an Verhältnisse bei Vakuumröhren (vgl.
Abschn. 3.1.). So bedeutet das Zeichen OA eine Diode (Buchstabe A)

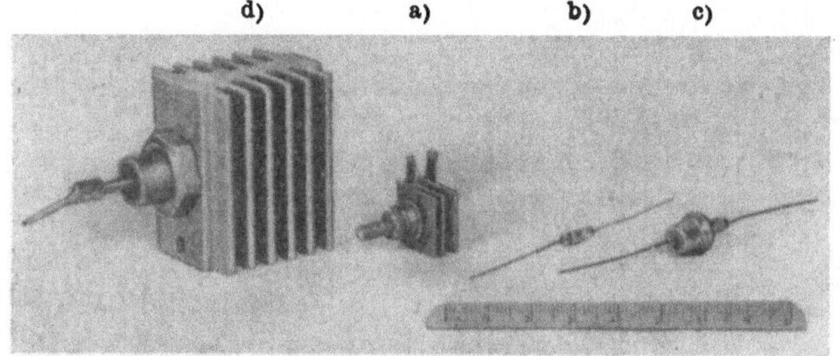

Bild 8. Halbleitergleichrichter und -dioden
a) Selengleichrichter E 50/20 — 0,04;
b) Ge-Diode OA 645;
c) Silizium-Leistungszenerdiode SZ 506;
d) Si-Flächengleichrichter (10 A Dauerstrom) mit Kühlkörper

mit der Heizung Null (Null als Buchstabe O ausgesprochen), das Zeichen
OY einen Einweggleichrichter (Buchstabe Y) ohne Heizung. Die an OA
bzw. OY angehängte Ziffer ordnet sich oft in eine Reihe nach Grundmaterial und maximaler Sperrspannung ein. Neuere Typenbezeichnungen
verwenden als ersten Buchstaben G für Germanium und S für Silizium,
als zweiten Buchstaben ein A für Diode und Y für Gleichrichter.
Bild 8 zeigt eine Auswahl von Halbleiterdioden und -gleichrichtern kleiner
Leistung.

2.2. Thermoelektrische Bauelemente

Die Gruppe der thermoelektrischen Bauelemente umfaßt Widerstände,
deren Widerstandswert sich charakteristisch mit der von einem durch-
fließenden Strom verursachten Eigenerwärmung oder mit einer von außen
bewirkten Fremderwärmung verändert, und solche Bauelemente, die ein
durchfließender Strom abkühlt oder erwärmt.

2.2.1. *Temperaturabhängige Widerstände (Thermistoren)*

Leitende und halbleitende Materialien weisen einen spezifischen elektrischen Widerstand auf, der temperaturabhängig ist. Die Widerstandsänderung je Grad Temperaturänderung als Mittelwert über einen bestimmten Temperaturbereich bezeichnet man als zugehörigen Temperaturkoeffizienten des elektrischen Widerstands; der Koeffizient ist positiv,
wenn mit einer Temperaturzunahme auch eine Widerstandszunahme verbunden ist, negativ bei einer Widerstandsabnahme.
Thermistoren sind Widerstände aus Halbleitermaterial mit vorwiegend
negativem, selten mit positivem Temperaturkoeffizienten, der weit höher

als bei Metallen liegt. Bezeichnungen wie Herwid- (VEB Keramische Werke Hermsdorf), Heißleiter-, NTC- (Valvo GmbH) und Thernewid-Widerstände (Siemens) sind gleichbedeutend.

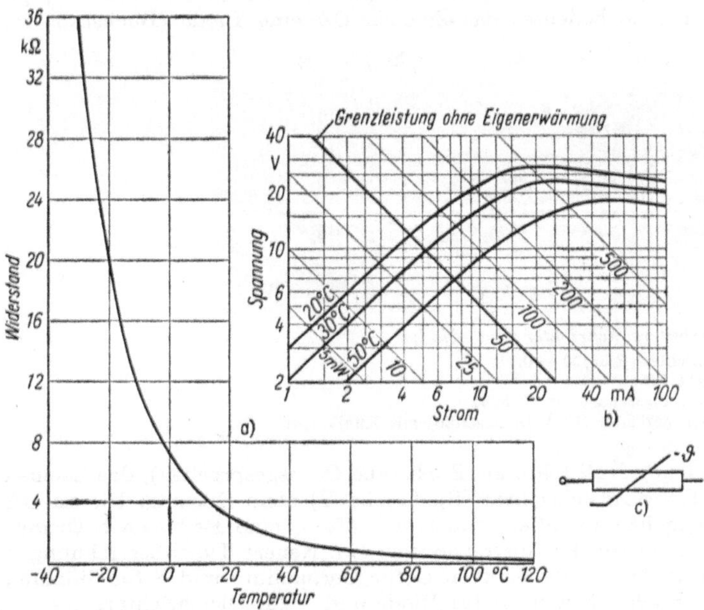

Bild 9

a) Temperatur-Widerstands-Kennlinie eines Thermistors (Typ TNA 22/100, VEB Keramische Werke Hermsdorf);

b) Strom-Spannungs-Kennlinien des Thermistors TNA 22/100 bei verschiedenen Temperaturen der ruhenden Umgebungsluft mit Grenzleistungsgeraden bei 50 mW (logarithmischer Maßstab);

c) Schaltzeichen des Thermistors

Nach Bild 9a nimmt der Widerstand eines Thermistors TNA 22/100 im Gebiet niedriger Temperaturen wesentlich stärker mit der Temperatur ab als im Bereich höherer Temperaturen (von —20 zu 0°C um 3,2%/grd, von +40 zu +60 °C um 2,3%/grd); der Temperaturkoeffizient wird daher mit —2 bis —4%/grd angegeben. Die Temperaturabhängigkeit des Widerstands wird angenähert durch die Funktion

$$R = a\, \mathrm{e}^{\frac{b}{T}}$$

gekennzeichnet, wobei a eine von Werkstoff, Herstellung und Form des Widerstands abhängige Materialkonstante und b eine Energiekonstante ist. Ausgangsmaterial für Thermistoren sind Metalloxide, die in einer geeigneten Zusammensetzung zu einer keramikähnlichen Masse in gewünschter Form gesintert werden, oder einkristalline, eigenleitende Halbleitermaterialien (s. Abschn. 2.1.3.) z. B. aus Germanium. Die erhaltenen Widerstandskörper werden mit Kontakten versehen.

Die Anwendungsbereiche des Thermistors gehen aus der Strom-Spannungs-Kennlinie (Bild 9b) hervor. Man unterscheidet Widerstandsänderungen durch Fremderwärmung und solche durch Eigenerwärmung. Im ersten Fall dient der Thermistor zur Temperaturmessung und Temperaturkompensation von elektrischen Schaltungen, indem sein Widerstand als charakteristisches Maß für die Temperatur des ihn umgebenden Mediums, die der Thermistor selbst annimmt, ausgenutzt wird. Das Meßergebnis wird bei zu hohem Meßstrom durch Eigenerwärmung verfälscht, indem sich die Thermistortemperatur über die Umgebungstemperatur erhöht. Das Gebiet der reinen Fremderwärmung ist durch die Gültigkeit des Ohmschen Gesetzes gekennzeichnet und liegt unterhalb einer sich von links oben nach rechts unten ziehenden Geraden der Grenzleistung, bis zu der die Strom-Spannungs-Kennlinien für verschiedene Umgebungstemperaturen Geraden sind (für den Typ TNA 22/100 im Bild 9b tritt für weniger als 50 mW mit Sicherheit keine merkliche Eigenerwärmung auf). Innerhalb des Gebiets der reinen Fremderwärmung vollzieht sich die Widerstandsänderung mit der Umgebungstemperatur nach der Kennlinie des Bildes 9a.

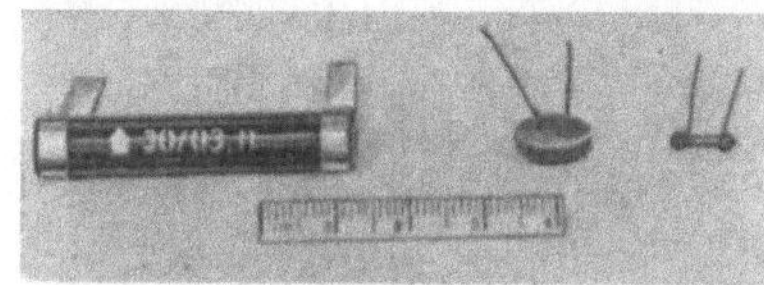

Bild 10. Bauformen von Thermistoren (VEB Keramische Werke Hermsdorf)

Im Bereich der Eigenerwärmung (bei Typ TNA 22/100 für eine Leistung über 50 mW) verwendet man Thermistoren zur Einschaltstrombegrenzung, indem der anfänglich hohe Widerstand im kalten Zustand infolge der beginnenden Eigenerwärmung allmählich auf einen vorgesehenen kleineren Endwert fällt, und zu Zeitverzögerungsschaltungen, bei denen die Wärmeträgheit des Thermistors beim Übergang zwischen zwei Temperaturzuständen mit unterschiedlicher Eigenerwärmung ausgenutzt wird.

Eine Sonderform des Thermistors mit einer den Widerstandskörper umhüllenden, von ihm isolierten Heizwendel wird im Gebiet der Fremderwärmung durch den Heizwendelstrom zu Relaisschaltungen und zur Messung impulsförmiger Ströme verwendet.

Thermistoren werden mit verschiedenem Nennwiderstand bei 20 °C Eigentemperatur (10 Ω bis 1 MΩ), verschieden großem Temperaturkoeffizienten (—0,8 bis —7%/grd, seltener positiv im gleichen Bereich) und mannigfaltigen Bauformen entsprechend ihrem Anwendungszweck und der Grenzleistung ihrer Eigenerwärmung (0,5 bis 200 mW) hergestellt. Der ausnutzbare Temperaturbereich ist zu niederen Temperaturen hin theoretisch unbegrenzt ausgedehnt, praktisch jedoch durch zu große, kaum verarbeitbare Widerstandsänderungen beschränkt; die obere Temperaturgrenze liegt je nach Bauform und Grundmaterial bei +200 bis +500 °C. Eine Auswahl zeigt Bild 10.

Die Nennwerte von Thermistoren (Nennwiderstand, Energiekonstante) weisen, bedingt durch den Herstellungsprozeß, bereits bei der Auslieferung Abweichungen von maximal 5, 10 oder 20% gegenüber den vom Hersteller angegebenen Daten auf. Zusätzlich treten in Abhängigkeit vom Herstellungsprozeß und von den mittleren Einsatzbedingungen über lange Zeiten noch Änderungen auf. Aus diesen Gründen sind Thermistoren ohne besondere Maßnahmen nicht austauschbar. Eine dieser Maßnahmen ist die künstliche Alterung einer größeren Anzahl von Thermistoren eines Typs bei der höchsten Gebrauchstemperatur und die anschließende Auswahl von Exemplaren, deren Kennwerte nur wenig (z. B. $\pm 1\%$) von einem Nennwert abweichen.

Thermistoren haben bei sauberer Kontaktierung und mäßiger Wärmebelastung eine Lebensdauer, die der von normalen Widerständen vergleichbar ist. Sie bedürfen keiner Wartung.

Die Typenbezeichnung ist firmengebunden und uneinheitlich. Als Schaltzeichen des Thermistors verwendet man allgemein das des stetig veränderlichen Widerstands (Bild 9c).

2.2.2. Peltier-Kühlelemente (Frigistoren)

Stellt man nach Bild 11a aus zwei verschiedenen elektrisch leitenden Materialien $A_{(+)}$ und $B_{(-)}$ einen Leiterkreis her, indem man ihre Enden zusammenlötet oder schweißt, und sorgt man dafür, daß die Lötstelle W eine höhere Temperatur ϑ_1 hat als die Lötstelle K (Temperatur ϑ_2), so ist

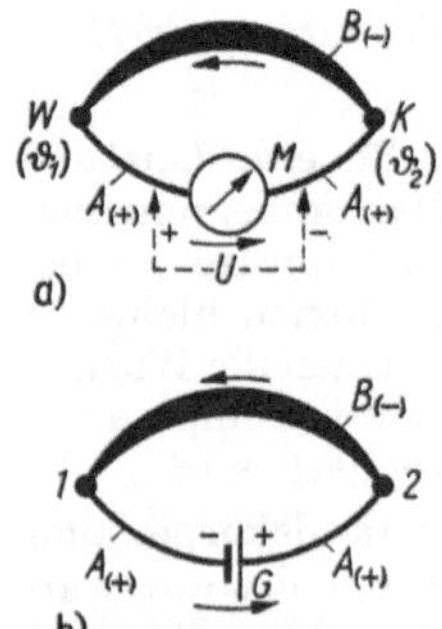

Bild 11
a) Thermopaar-Anordnung
b) Peltier-Kühlanordnung } (schematisch)

mit einem in den Leiterkreis eingeschalteten Instrument M eine der Temperaturdifferenz nahezu proportionale elektrische Gleichspannung U in der Größenordnung von Millivolt meßbar. Diese Erscheinung wird thermoelektrischer (auch Seebeck-) Effekt genannt. Die beschriebene Anordnung heißt Thermopaar und wird zur Temperaturmessung verwendet, indem man eine Lötstelle, einer konstanten, die andere Lötstelle der zu messenden Temperatur aussetzt.[1] Die Messung der Thermospannung ist

---

[1] Über die Ausnutzung des thermoelektrischen Effekts zur Temperaturmessung sind in [RA 27] Einzelheiten zu finden.

mit einem Meßstrom verbunden; die erforderliche elektrische Energie wird durch die Wärmeenergie aufgebracht, die zur Aufrechterhaltung der Temperaturdifferenz $\vartheta_1 - \vartheta_2$ der warmen Lötstelle W aus der Umgebung zugeführt wird. Für die verwendeten Materialien ist nach der an der warmen Lötstelle auftretenden Stromrichtung festgelegt: Der elektrische Strom fließt vom thermoelektrisch negativen Material $(B_{(-)})$ im Bild 11a zum thermoelektrisch positiven $(A_{(+)})$.

Bei der Umkehrung des thermoelektrischen Effekts (Bild 11b) schaltet man eine Gleichstromquelle G in den Leiterkreis aus den thermoelektrischen Materialien $A_{(+)}$ und $B_{(-)}$, dessen Lötstellen zunächst gleiche Temperatur haben. Als Wirkung des Gleichstroms stellt man an jener Lötstelle 1, an der der Strom vom thermoelektrisch negativen in das thermoelektrisch positive Material übertritt, eine Abkühlung, an der anderen Lötstelle 2 eine Erwärmung fest. Die Abkühlung der Lötstelle 1 beruht darauf, daß die zum Stromübertritt vom thermoelektrisch negativen zum positiven Material erforderliche Energie als Wärmeenergie der Lötstelle entzogen wird. An der sich erwärmenden Lötstelle 2 tritt dagegen der Strom vom thermoelektrisch positiven zum negativen Material über und setzt Wärmeenergie frei. Die Abkühlung der Lötstelle 1 und die Erwärmung der Lötstelle 2 sind nicht unbegrenzt. Vielmehr wird mit zunehmendem Temperaturunterschied zur Umgebung in steigendem Maß Wärme aus der Umgebung an die kühle Lötstelle geliefert bzw. Wärme von der warmen Lötstelle an die Umgebung abgegeben. Im Gleichgewichtsfall stellt sich für jeden Gleichstromwert eine bestimmte Temperaturdifferenz jeder Lötstelle zur Umgebung ein. Diese Umkehrung des thermoelektrischen Effekts nennt man Peltier-Effekt. Der Kühleffekt findet mit Zunahme des Gleichstroms durch Überlagerung mit der Erwärmung der Lötstelle infolge ihres ohmschen Widerstands eine obere Grenze, um dann wieder abzunehmen. Bei Umkehrung der Stromrichtung vertauschen beide Lötstellen ihre Temperatur.

Die kalte Lötstelle einer nach dem Peltier-Effekt arbeitenden Anordnung, eines Frigistors (auch ,,Sirigor" genannt), kann zu Kühlzwecken verwendet werden. Mit der elektrischen Reihenschaltung aus abwechselnd thermoelektrisch positiven und negativen Leiterteilen über Kupferbrücken und der geeigneten konstruktiven Zusammenfassung der kalten Lötstellen getrennt von den warmen erhält man eine Kühlbatterie. Dabei kann die Wärmeenergie an der warmen Lötstelle auch durch Flüssigkeit abgeführt werden.

Um einen möglichst großen Kühleffekt zu erzielen, müssen die verwendeten thermoelektrischen Materialien drei Eigenschaften aufweisen:

1. kleinen spezifischen elektrischen Widerstand, um die schädliche Wärmeentwicklung am ohmschen Widerstand niedrig zu halten,

2. geringe Wärmeleitfähigkeit, um einen Temperaturausgleich zwischen Lötstelle und Leitermaterialien weitgehend zu unterbinden, und

3. hohen thermoelektrischen Effekt.

Metalle zeigen zwar die erste, nicht aber die zweite Eigenschaft und haben außerdem nur einen mittleren thermoelektrischen Effekt. Dagegen lassen sich halbleitende Legierungen in bestimmter Zusammensetzung aus den Grundstoffen Wismut, Tellur, Selen, Antimon, Zink und Kadmium herstellen, die die geforderten Eigenschaften aufweisen. Frigistoren stehen erst am Anfang ihrer Entwicklung, jedoch lassen sich jetzt bereits Kühlleistungen von 25 W bei einer maximalen Unterkühlung um 30 grd (bei

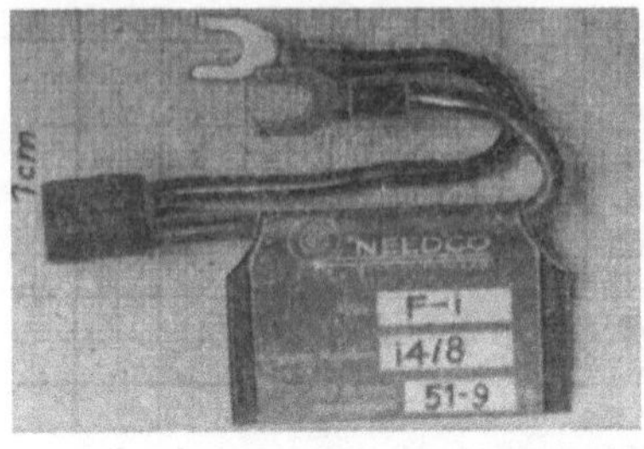

Bild 12
Frigistor F-1 (Fa. Needco, USA)

geringeren Kühlleistungen bis zu 45 grd), einem Gleichstrom größenordnungsmäßig bis 20 A und einer zulässigen Temperatur der warmen Lötstelle von maximal $+160\,°C$ (in Sonderfällen $+300\,°C$) verwirklichen. Der Vorteil dieser Bauelemente besteht in dem geräuschlosen Arbeiten, der Wartungsfreiheit und der zu erwartenden praktisch unbegrenzten Lebensdauer. Frigistoren werden zur Kühlung von stark wärmeentwickelnden Bauelementen (z. B. Leistungsgleichrichtern, -transistoren) und in automatischen Feuchtigkeitsmeßgeräten (Tauspiegelprinzip s. a. Bild 23) verwendet. Bild 12 zeigt die Ansicht eines einzelnen Kühlelements. In der DDR liegen derartige Bauelemente aus einer Pilotproduktion vor.

2.3. Bauelemente zur Spannungsstabilisierung

2.3.1. *Stabilisatorröhren*

Eine Stabilisatorröhre, auch Glimmstabilisatorröhre genannt, besteht aus einem edelgasgefüllten Kolben (vorwiegend Glas, selten Metall), in dem sich im einfachsten Fall zwei Elektroden, Anode und Katode, befinden. Diese Elektroden bestehen aus Reinstmetall (meist Molybdän); Typen mit aktivierter Katode sind auch gebräuchlich. Die Anschlüsse sind nach Miniaturbauweise als Lötdrähte oder Stifte am Kolbenboden herausgeführt; bei älteren Typen ist der Kolben gesockelt. Im Unterschied zur evakuierten Elektronenröhre verhält sich dieses Bauelement — ähnlich der Hilfsstrecke einer gasgefüllten Gleichrichterröhre (s. Abschn. 2.1.2.) — nach den Gesetzen der selbständigen Glimmentladung und benötigt daher keine Katodenheizung.

Das Entstehen der hier als Glimmentladung bezeichneten Gasentladung und das diesem Bauelement eigene elektrische Verhalten verdeutlichen wir uns unter Zuhilfenahme der Kurven im Bild 13a. Bei Anlegen einer kleinen Gleichspannung U_b zwischen Anode a (positiver Pol) und Katode k werden zunächst diejenigen Elektronen zur Anode gezogen, deren Bewegungsrichtung dorthin weist. (Die Edelgasionen dagegen liefern wegen ihrer größeren Trägheit und geringeren Beweglichkeit infolge des höheren

24

Gasdrucks von 1 bis 10 Torr durch Wandern zur Katode einen geringeren
Beitrag zum Ladungstransport durch die Stabilisatorröhre.) Mit steigender
Spannung U_b tragen letztlich auch die zur Stromrichtung ursprünglich
entgegengesetzt beweglichen Elektronen zum Stromdurchgang bei, so daß
sich feststellen läßt: Mit steigender Speisespannung U_b erhält man einen
etwa proportional zunehmenden Strom (Kurventeil OA im Bild 13a), bis

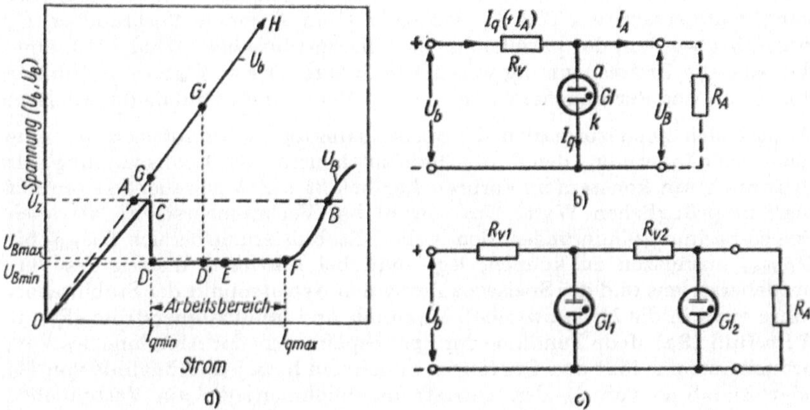

Bild 13. Stabilisatorröhre
a) Strom-Spannungs-Kennlinie;
b) Schaltung für stabilisierte Verbraucherspannung;·
c) Kaskadenschaltung

die Zündspannung U_z (im Punkt A) erreicht ist. Diese Spannung reicht aus,
um den zur Anode beschleunigten Elektronen eine Bewegungsenergie zu
erteilen, die zum Herausschlagen weiterer Elektronen aus den Hüllen der
Edelgasatome führt. Es setzt eine Glimmentladung ein, deren Glimmstrom
ohne Zunahme der Spannung U_b über U_z hinaus lawinenartig anwächst
(Kurventeil AB) und die ohne Begrenzungsmaßnahme sogar in eine Bogenentladung bis zur Zerstörung des Elektrodenaufbaus übergeht.

Eine Stabilisatorröhre ist daher nur mit Strombegrenzung zu betreiben
und erhält auch nur dadurch ihre wesentliche Eigenschaft. Dazu schaltet
man in Reihe zu ihr (Gl) einen Vorwiderstand R_v (s. Bild 13b). Steigert man
nun die angelegte Speisespannung U_b (Kurve OA), so erfolgt wegen des
vom Strom an R_v verursachten Spannungsabfalls die Spannungszunahme
an der Röhre etwa nach dem Verlauf des Kurventeils OC. Erreicht U_b den
Wert von Punkt G, so hat die Stabilisatorspannung gerade den Wert der
Zündspannung U_z erreicht (Punkt C). Der nun einsetzende Glimmstrom I_q
kann nicht unbegrenzt wachsen, da er einen Spannungsabfall am Vorwiderstand (Spannungsdifferenz zwischen den Punkten G und D) erzeugt. Die
Stabilisatorröhrenspannung fällt vom Wert der Zündspannung (C) auf den
der minimalen Brennspannung $U_{B\,min}$ (Punkt D). Zum minimalen Brennspannungswert gehört der minimale Glimmstrom $I_{q\,min}$ (auch Querstrom
genannt). Bei einer weiteren Steigerung der Speisespannung U_b (Kurventeil GH) wächst der Glimmstrom ungleich schneller als die Brennspannung

U_B (Kurventeil DF). Die Differenz zwischen U_b und U_B wird durch den Vorwiderstand R_v aufgenommen (z. B. die Spannungsdifferenz zwischen G' und D').

Mit dieser Anordnung ist bereits die wesentliche Eigenschaft der Stabilisatorröhre gezeigt: Die Brennspannung ist in Grenzen nahezu unabhängig von einer Änderung des Röhrenquerstroms, die z. B. durch eine solche der Speisespannung verursacht wird. Bei konstanter Speisespannung kann andererseits ein Teil I_A des Querstrom I_q einem Verbraucher R_A zugeführt werden, der parallel zur Stabilisatorröhre liegt (Bild 13 b), ohne daß sich die Brennspannung wesentlich ändert. Der an R_v aus der Summe von Quer- und Verbraucherstrom erzeugte Spannungsabfall bleibt erhalten.

Ändert sich noch zusätzlich die Speisespannung, so ergibt sich nur eine Querstromänderung, denn die nahezu konstante Brennspannung als Spannung am konstanten Verbraucher beläßt den Verbraucherstrom auf dem ursprünglichen Wert. Um sowohl bei Verbraucherstrom- als auch Speisespannungsänderungen den vollen Stabilisierungsbereich $U_{B\,min}$ bis $U_{B\,max}$ ausnutzen zu können, legt man bei mittleren Werten des Verbraucherstroms und der Speisespannung den Arbeitspunkt der Stabilisatorröhre etwa in die Mitte zwischen Maximal- und Minimalquerstrom (Punkt E im Bild 13 a). Jede Zunahme der Speisespannung oder Abnahme des Verbraucherstroms läßt den Querstrom zunehmen bzw. jede Abnahme von U_b oder Zunahme von I_A den Querstrom abnehmen; die am Verbraucher liegende Brennspannung U_B bleibt nahezu konstant.

Der minimale Querstrom $I_{q\,min}$ darf nicht unterschritten werden, da sonst die Glimmentladung aussetzt, der maximale Querstrom $I_{q\,max}$ nicht überschritten werden, um eine Wärmeüberlastung der Elektroden zu vermeiden. Nur in diesen Querstromgrenzen schwankt die Brennspannung geringfügig ($U_{B\,min}$ bis $U_{B\,max}$).

Für den Vorwiderstand R_v gelten zur Einhaltung der Betriebsdaten und der Funktion folgende Dimensionierungsbedingungen:

a) Bei der maximal auftretenden Speisespannung $U_b + \Delta U_b$ und einem minimalen Verbraucherstrom $I_{A\,min}$ muß der Vorwiderstand R_v groß genug sein, um den Querstrom auf $I_{q\,max}$ zu begrenzen:

$$U_B + R_v\,(I_{A\,min} + I_{q\,max}) \geqq U_b + \Delta U_b;$$

$$R_v \geqq \frac{(U_b + \Delta U_b) - U_B}{I_{A\,min} + I_{q\,max}}.$$

b) Bei minimaler Speisespannung $U_b - \Delta U_b$ und maximalem Verbraucherstrom $I_{A\,max}$ darf der minimale Querstrom $I_{q\,min}$ nicht unterschritten werden:

$$U_B + R_v\,(I_{A\,max} + I_{q\,min}) \leqq U_b - \Delta U_b;$$

$$R_v \leqq \frac{(U_b - \Delta U_b) - U_B}{I_{A\,max} + I_{q\,min}}.$$

c) Bei niedrigster Speisespannung $U_b - \Delta U_b$ und maximalem Verbraucherstrom $I_{A\,max}$ muß die Spannung an der Stabilisatorröhre zur sicheren Zündung ausreichen:

$$(U_b - \Delta U_b) - I_{A\,max}\, R_V \geqq U_z;$$

mit $I_{A\,max} = U_z/R_A$ vor der Zündung:

$$R_V \leqq \frac{(U_b - \Delta U_b - U_z)\, R_A}{U_z}.$$

Von den beiden Werten des maximalen Widerstands für R_V ist der größere zu wählen.

Bei geeigneter Dimensionierung der Schaltung nach Bild 13b können Speisespannungsänderungen von $\pm 15\%$ bestenfalls auf $\pm 1\%$ als Brennspannungsänderung reduziert werden. Durch eine Kaskadenschaltung, in der die bereits stabilisierte Spannung über einen Vorwiderstand $R_{V\,2}$ einer zweiten Glimmstrecke Gl_2 zugeführt und nochmals stabilisiert wird, kann die Genauigkeit der Verbraucherspannung weiterhin erhöht werden (s. Bild 13c).

Stabilisatorröhren lassen sich für eine Brennspannung zwischen 70 und 150 V je Glimmstrecke und einen maximalen Querstrom von 100 mA herstellen. Die Brennspannung von Typen mit aktivierter Katode liegt bei gleichem geometrischem Aufbau niedriger als bei Typen mit Reinmetallkatode, jedoch ist die Konstanz der Brennspannung bei Reinmetallausführung besser. Die Zündspannung liegt etwa 50% höher als die Brennspannung und steigt im unbelichteten Zustand der Röhre (Fehlen der ionisierenden ultravioletten Strahlung) um etwa weitere 50%. Daher ist eine wechselnde Belichtung zu vermeiden. Die Änderung der Brennspannung zwischen Minimal- und Maximalquerstrom beträgt etwa $3,5\%$. Die zulässige Umgebungstemperatur hat den Bereich von -55 bis $+90\ ^\circ$C; in diesem Bereich ist eine Änderung der Brennspannung von 2 mV/grd feststellbar. Von einer Vertauschung der nach ihrer Funktion gleichberechtigten Elektroden Anode und Katode ist abzuraten, da dann auf Grund des geometrischen Aufbaus der Stabilisatorröhre für eine Einhaltung der vom Hersteller angegebenen Daten nicht garantiert werden kann.

Die Parallelschaltung mehrerer Stabilisatorröhren ist zur Erhöhung des maximalen Gesamtquerstroms ausgeschlossen, da die Zündspannungswerte Herstellungstoleranzen aufweisen und jeweils nur die Röhre mit dem niedrigsten Zündspannungswert zündet; die dann anliegende Brennspannung reicht zur Zündung der restlichen Röhren nicht aus.

Stabilisierte Spannungen unter 70 V sind an einer Stabilisatorröhre nur mittels eines parallelgeschalteten Spannungsteilers P (Bild 14a) abgreifbar und auch nur bei gleichbleibendem Verbraucherstrom konstant. Über 150 V erhält man stabilisierte Spannungen durch Reihenschaltung mehrerer Glimmstrecken (s. Bild 14b), wobei zur erleichterten Zündung ein hochohmiger Zündwiderstand R_z eine Glimmstrecke überbrückt, so daß zunächst Gl_1 zündet; die Zündung von Gl_2 folgt nach, da der Querstrom von Gl_1 an R_z einen ausreichenden Spannungsabfall erzeugt. Bei älteren Stabilisatorröhrentypen sind mehrere Glimmstrecken in einem Kolbenraum vereinigt. Teilspannungen solcher Strecken können abgegriffen werden (Verbraucher R_A' im Bild 14b).

Zur Senkung der Zündspannung bieten etliche Hersteller auch Stabilisatorröhren mit Hilfselektrode z an (s. Bild 14c), die neben der Katode angeordnet ist. Dieser Hilfselektrode wird über einen Hochohmwiderstand R_z die volle Speisespannung U_b gegen Katode zugeführt; die einsetzende Hilfsentladung sorgt für Ladungsträger in der Hauptstrecke Anode—Katode, so daß deren Zündspannung wenig über der Brennspannung liegt. Ein merklicher Einfluß der Hilfsentladung auf die Brennspannung der Hauptstrecke besteht nicht.

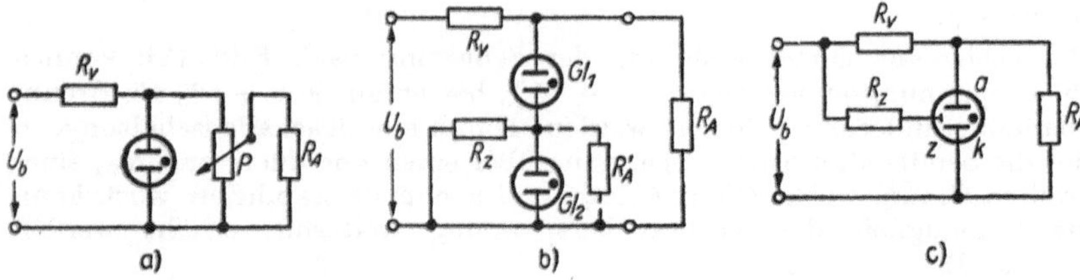

Bild 14. Stabilisatorröhre

a) Teilspannungsabgriff;
b) Reihenschaltung mehrerer Glimmstrecken;
c) Stabilisatorröhre mit Hilfsanode

Wechselspannungen lassen sich ebenfalls mit der Schaltung nach Bild 13b stabilisieren; die Glimmstrecke wird in jeder Halbwelle erneut gezündet. Man erhält eine Ausgangsspannung in Trapezform mit nahezu konstanter Trapezhöhe, deren Effektivwert um so genauer eingehalten wird, je größer das Verhältnis zwischen Speise- und Brennspannung ist.

Bild 15
Stabilisatorröhre StR 90/40 (VEB Werk für Fernsehelektronik, Berlin-Oberschöneweide)

Die Ansicht einer modernen Stabilisatorröhre StR 90/40 aus der Miniaturserie zeigt Bild 15; die Typenbezeichnung setzt sich aus der Abkürzung für Stabilisatorröhre (StR) sowie den Werten von mittlerer Brennspannung (90 V) und Maximalquerstrom (40 mA) zusammen. Bei Typen mit Hilfselektrode wird an dieses Zeichen ein z angehängt.

Stabilisatorröhren werden in Netzgeräten zur Stabilisierung der Spannungsversorgung hochwertiger Verstärker sowie zur Herstellung von Vergleichsspannungen für Meß- und Regelzwecke verwendet. Die Auswahl richtet sich nach der erforderlichen, vom Hersteller angegebenen Brennspannungskonstanz und der Größe des Verbraucherstroms sowie der Verbraucherspannung.

Trotz Verwendung von Reinstmetallen als Elektrodenmaterial geben die Elektrodenoberflächen über lange Zeiten Gase ab, die eine langzeitige Änderung der Brennspannung verursachen und die Lebensdauer des Bauelements auf einen von den Stabilisierungsansprüchen abhängigen Betrag beschränken. Nach Ablauf der vom Hersteller angegebenen Zeit sind daher Stabilisatorröhren auf jeden Fall auszuwechseln. Eine weitergehende Wartung ist nicht erforderlich.

2.3.2. *Zenerdioden*

Zenerdioden[1]) sind Bauelemente mit einem Diodenverhalten, das im Sperrbereich eine zu Stabilisierungszwecken ausnutzbare Besonderheit aufweist; ihr Grundmaterial ist halbleitendes Silizium.

Im Durchlaßbereich unterscheidet sich die Strom-Spannungs-Kennlinie jeder Zenerdiode (Kurve I im Bild 16a) nicht von der einer normalen Siliziumdiode für Gleichrichterzwecke; die Schleusenspannung U_s (s. auch Bild 16b, Kurve a) beträgt bei 25°C Sperrschichttemperatur etwa 0,7 V. Entsprechend verhält sich die Zenerdiode für kleine Spannungswerte im Sperrbereich; hier zeigt sich ein Sperrwiderstand von 20 bis 1000 MΩ. Steigert man jedoch die an der Zenerdiode liegende Sperrspannung über einen charakteristischen Wert, die Zenerspannung U_{ze}, so steigt der Sperrstrom steil an (Kurve II im Bild 16a). Der Wert der Zenerspannung ist in Grenzen durch den Herstellungsprozeß beeinflußbar; Bild 16b zeigt mit den Kurven c und e die Strom-Spannungs-Kennlinien zweier Zenerdioden mit verschiedenen Zenerspannungen, $U_{ze\,1} = 5$ V und $U_{ze\,2} = 8$ V, bei 25°C Sperrschichttemperatur. Ihr gemeinsames Kennzeichen oberhalb des Zenerspannungswerts ist die mit einer geringen Sperrspannungsänderung verbundene hohe Sperrstromänderung; umgekehrt ruft dann eine große Stromänderung eine nur kleine Veränderung der an der Diode liegenden Spannung hervor, d. h., der dynamische (genannt differentielle) Widerstand ist klein.

Dieses dem einer Stabilisatorröhre ähnliche Verhalten macht die Zenerdiode zur Spannungsstabilisierung geeignet. Der Arbeitsbereich beginnt oberhalb des Kennlinienknicks im Sperrbereich (etwa Punkt A auf Kurve c im Bild 16b), also mit dem Einsetzen der geringen Sperrspannungsänderung, und endet bei einem Stromwert, für den die in der Zenerdiode zu Wärme umgesetzte Leistung eine vom Hersteller vorgeschriebene obere Grenze (z. B. 250 mW im Punkt B der Kurve c) erreicht hat.

Im Unterschied zur Stabilisatorröhre benötigt die Zenerdiode keine Zündspannung. Die Schaltung zur Spannungsstabilisierung mittels einer Zenerdiode (s. Bild 16c) gleicht der mit einer Stabilisatorröhre; der Vorwiderstand R_V 'dient zur Aufnahme von Speisespannungsänderungen. Die

---

[1]) *Zener* heißt der Entdecker eines Halbleitereffekts, der das Verhalten dieser Diode teilweise erklärt.

Wirkungsweise der Schaltung entspricht daher den Verhältnissen bei der
Stabilisatorröhre. Als zweckmäßigsten Arbeitspunkt wählt man bei voller
Ausnutzung des Kennlinienbereichs etwa die Mitte des Arbeitsbereichs
(Punkt C auf Kurve c). Damit können Speisespannungsänderungen von
$\pm\,15\%$ unter gleichzeitiger Änderung des Verbraucherstroms auf $\pm\,1\%$
Änderung der Verbraucherspannung gesenkt werden. Die bei der Stabili-
satorröhre bekannte Kaskadenschaltung (s. Bild 13c) zur Erhöhung der
Stabilisierungsgenauigkeit ist auch für Zenerdioden anwendbar.

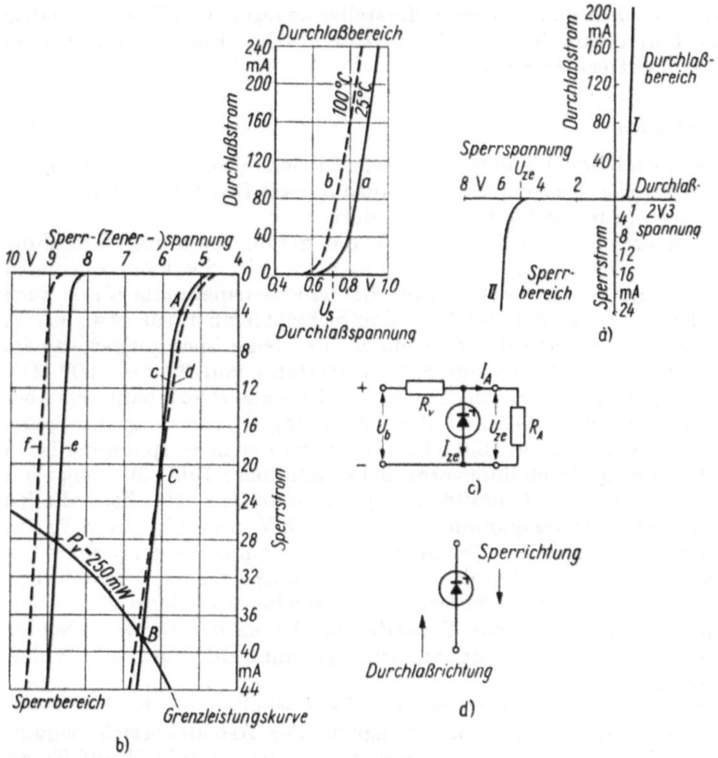

Bild 16. Zenerdiode

a) Strom-Spannungs-Kennlinien für Durchlaß- und Sperrbereich;
b) dsgl. für verschiedene Sperrschichttemperaturen;
c) Stabilisierungsschaltung;
d) Schaltzeichen nach TGL 16 016.

Für den Vorwiderstand R_V gelten die folgenden Bedingungen: Sein Mindestwert muß gewährleisten, daß bei maximal auftretender Speisespannung
$U_\mathrm{b} + \Delta U_\mathrm{b}$ und gleichzeitig minimalem Verbraucherstrom $I_{\mathrm{A\,min}}$ der maximal zulässige Sperrstrom $I_{\mathrm{ze\,max}}$ nicht überschritten wird, um eine thermische Zerstörung der Zenerdiode oberhalb der maximal zugelassenen

Verlustleistung $P_{v\,max} = U_{ze}\,I_{ze\,max}$ zu vermeiden, d. h., R_v muß einen Mindestwert haben:

$$R_v\,(I_{A\,min} + I_{ze\,max}) + U_{ze} \geqq U_b + \Delta U_b$$

bzw.

$$R_v \geqq \frac{(U_b + \Delta U_b) - U_{ze}}{I_{A\,min} + I_{ze\,max}}.$$

Andererseits ist ein oberer Grenzwert für R_v dadurch vorgeschrieben, daß bei minimaler Speisespannung $U_b - \Delta U_b$ und maximalem Verbraucherstrom $I_{A\,max}$ der Sperrstrom nicht unter den minimal zugelassenen Wert $I_{ze\,min}$ sinken darf, um ein Unterschreiten der Zenerspannung zu vermeiden:

$$R_v\,(I_{A\,max} + I_{ze\,min}) + U_{ze} \leqq U_b - \Delta U_b$$

bzw.

$$R_v \leqq \frac{(U_b - \Delta U_b) - U_{ze}}{I_{A\,max} + I_{ze\,min}}.$$

Zenerdioden sind mit Zenerspannungswerten zwischen 0,5 und 200 V technisch herstellbar; durch Reihenschaltung mehrerer Zenerdioden lassen sich Zwischen- und höhere Werte kombinieren; damit wird der von Stabilisatorröhren nicht erfaßte technisch wichtige Spannungsbereich unter 70 V überstrichen, der insbesondere für die Stabilisierung der Speisespannung von Halbleiterschaltungen interessiert. Die obere Stromgrenze ist bei gegebener Zenerspannung, Umgebungstemperatur und Kühlmaßnahme aus der Kennliniendarstellung im Sperrbereich entnehmbar; sie ist durch den Schnittpunkt von Kennlinie und Grenzleistungskurve (z. B. Punkt B auf Kurve c im Bild 16c) gegeben. Die Grenzleistungswerte liegen zwischen 0,25 und 100 W.

Zenerdioden sind bei Umgebungstemperaturen zwischen —55 und +150 °C einsetzbar; die obere Temperaturgrenze erniedrigt sich bei Ausnutzung der Grenzleistung und bei kleineren Montagekühlflächen als vorgeschrieben, bzw. die zulässige Grenzleistung vermindert sich bei Inanspruchnahme des vollen Temperaturbereichs. Kennzeichnend für diesen Zusammenhang ist der Wärmewiderstand R_{th}, der das Temperaturgefälle $\vartheta_j - \vartheta_a$ zwischen der Sperrschicht (ϑ_j) und der Umgebungstemperatur (ϑ_a) bei gegebener Verlustleistung P_v in der Diode bestimmt. Aus dem vom Hersteller angegebenen Wert von R_{th} (bei bestimmter Kühlfläche) gilt:

$$P_{v\,max} = \frac{\vartheta_{j\,max} - \vartheta_a}{R_{th}}.$$

Die Kennlinie einer Zenerdiode im Durchlaß- und Sperrbereich verändert sich in Abhängigkeit von der im Inneren des Bauelements (in der Sperrschicht) auftretenden Temperatur (Sperrschichttemperatur). Im Bild 16b gelten die ausgezogenen Kurven a, c und e für 25 °C Sperrschichttemperatur, die gestrichelten Kurven b, d und f für 100 °C. Demnach verändern sich oberhalb der Zenerspannung auch die Sperrspannungswerte mit der Temperatur, unabhängig davon, ob diese Veränderung der Sperrschichttemperatur durch eine solche der Umgebungstemperatur oder der im Bauelement umgesetzten Leistung verursacht wird. Man kennzeichnet diese Tatsache durch einen Temperaturkoeffizienten der Zenerspannung; er ist für Zenerspannungen unter 5 V negativ (Sperrspannungsabnahme bei Temperaturzunahme), etwa vom Wert —2 mV/grd, über 5 V positiv bis zu +30 mV/grd. Die Angabe der Temperaturabhängigkeit der Zenerspannung ist auch in Prozent Zenerspannungsänderung je Grad Temperaturänderung gebräuchlich. Durch spezielle Kombinationen von Zenerdioden zu einem Bauelement werden Typen hergestellt, deren resultierende Zenerspannung extrem gering temperaturabhängig ist, z. B. im Bereich von 0 bis 150°C einen Temperaturkoeffizienten von nur 0,001 %/grd aufweist.

Das Schaltzeichen nach TGL 16016 zeigt Bild 16c.

Die Typenbezeichnung ist uneinheitlich; Zeichen wie OAZ (OA Diode, Z Zener), Z, ZL, ZA, SZ bzw. BZ (S bzw. B für Silizium) und SAZ mit angehängtem Zenerspannungswert oder laufender Nummer werden verwendet. Das Äußere einer Zenerdiode zeigt u. a. Bild 8.

Außer zur Stabilisierung oder Begrenzung von Versorgungsspannungen für Verstärker werden Zenerdioden zur Herstellung von Meß- und Vergleichsspannungen verwendet; sie bedürfen bei sorgfältiger Schaltungsdimensionierung keiner Wartung.

2.4. Fotoelektronische Bauelemente

Fotoelektronische Bauelemente weisen beleuchtungsabhängige elektrische Eigenschaften auf; entweder haben sie einen beleuchtungsabhängigen Widerstand oder vermögen bei Beleuchtung eine Spannung abzugeben. Einzelne Vertreter dieser Bauelementengruppe haben eine Reihe von übereinstimmenden Eigenschaften; die Entscheidung für den Einsatz eines bestimmten Bauelements hängt daher oft von einer besonderen Eigenschaft, wie z. B. dem Temperaturverhalten, ab.

2.4.1. *Fotozellen*

Eine Fotozelle besteht aus einem System Anode–Katode, das in einem Kolben aus lichtdurchlässigem Material untergebracht ist. Der Kolben ist evakuiert oder nach dem Evakuieren mit einem Edelgas gefüllt; man unterscheidet daher Vakuum- und gasgefüllte Fotozellen.

Während bei Vakuumelektronenröhren die Katode heizbar ausgebildet ist und unter Aufwand der in Wärme umgesetzten elektrischen Heizenergie Elektronen aus der Katodenoberfläche frei gemacht werden, besteht die Katode einer Fotozelle aus einem Material, aus dessen Oberfläche bei Beleuchtung Elektronen abgelöst werden. Diesen Vorgang nennt man den äußeren lichtelektrischen Effekt. Er gestattet demnach die Umwandlung eines Lichtsignals in ein elektrisches Signal. Nicht jedes beliebige Katodenmaterial jedoch vermag unter Beleuchtung Elektronen abzugeben; außerdem hängt diese Fähigkeit noch von der Farbe, d. h. Wellenlänge, des eingestrahlten Lichtes ab. Wir erläutern diese Verhältnisse durch eine Betrachtung über das Wesen des Lichtes.

Licht verhält sich bei seiner Ausbreitung im Raum wie eine Welle. Wir schreiben ihm entsprechend seiner Farbe eine meßbare Wellenlänge (Abstand zwischen zwei benachbarten Wellenbergen) zu. Im Bereich des sichtbaren Lichtes nimmt die Wellenlänge von Rot über Gelb, Grün und Blau nach Violett ab (Bild 17a). Auch die für das menschliche Auge als Lichteindruck nicht wahrnehmbaren Wellenlängen, die zu beiden Seiten des sichtbaren Bereichs, jenseits von Rot und Violett, liegen und größer bzw. kleiner als jene von Rot bzw. Violett sind, hat man mit „Farbnamen" belegt: Ultrarot (oder Infrarot) bzw. Ultraviolett.[1]

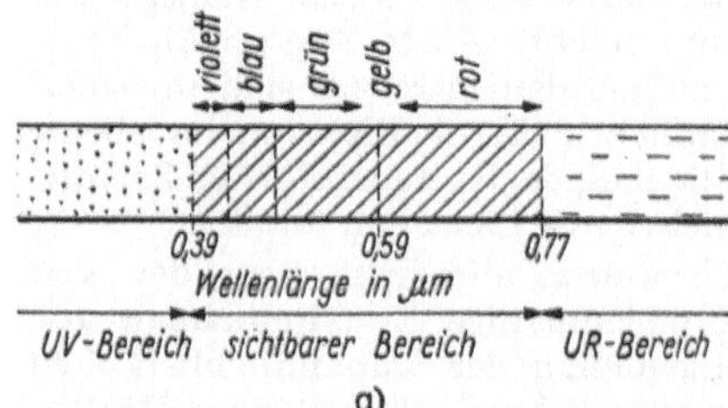

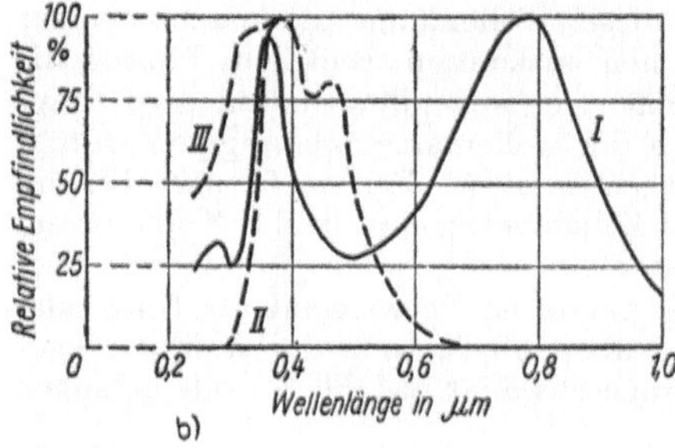

Bild 17

a) Zuordnung von Lichtwellenlänge und „Farbe";

b) wellenlängenabhängige Empfindlichkeit von Fotozellen mit Zäsiumoxidkatode und Quarzfenster (Kurve *I*), Zäsium-Antimon- Katode und Glasfenster (Kurve *II*), Zäsium-Antimon-Katode und Quarzfenster (Kurve *III*)

Bei der Wechselwirkung von Licht und Materie erweitert man die Betrachtungsweise, die dem Licht Wellencharakter zuschreibt; hierfür behandelt man Licht als aus Teilchen (Photonen) bestehend.[2] Die Energie eines Photons ist um so größer, je kleiner die Wellenlänge des betrachteten Lichtes ist. Da zur Ablösung eines Elektrons aus einer Materialfläche eine

[1] Ultrarotes Licht (auch Infrarot genannt), abgekürzt UR-Licht, empfindet der menschliche Körper als Wärme. Ultraviolettes (UV-)Licht ruft als Bestandteil des Sonnenlichts auf der menschlichen Haut den Sonnenbrand hervor.

[2] Diese Betrachtungsweise über das Verhalten des Lichtes mit Wellen- oder Teilchencharakter konnte bisher noch nicht zu einer einheitlichen Erklärung zusammengefaßt werden.

Mindestenergie notwendig ist, können nur solche Photonen unter Abgabe ihrer Energie Elektronen lichtelektrisch freimachen, die diese Mindestenergie haben, d. h. aber, die zugehörige Wellenlänge muß kleiner als eine obere materialabhängige Grenzwellenlänge sein. Photonen des UV-Lichtes vermögen daher noch Elektronen aus Materialien abzulösen, für die der Effekt mit Photonen des sichtbaren und UR-Lichtes ausbleibt.

Somit ist es verständlich, daß technisch nur solche Katodenmaterialien verwendet werden, die von einer bestimmten Wellenlänge des eingestrahlten Lichtes an abwärts Elektronen lichtelektrisch abzugeben vermögen. Reinmetallkatoden in kompakter Form oder als aufgedampfte Schicht sind nur für UV brauchbar. Für größere Wellenlängen dampft man bei modernen Fotozellen auf einen Teil der Kolbeninnenwand zunächst eine Silberschicht als Elektrodenanschluß, dann eine Zwischenschicht aus Zäsiumoxid und zuoberst eine Zäsiumschicht. Auch Zäsium-Antimon-Katoden sind gebräuchlich. Zäsiumoxidkatoden erweisen sich im sichtbaren und UR-Bereich als sehr empfindlich, d. h., die Elektronenausbeute je Lichtstrommenge ist für diese Wellenlängen besonders groß. Zäsium-Antimon-Katoden sind für UV- und sichtbares Licht empfindlich.

Lichtelektrisch empfindliche Katoden weisen allerdings über den verwertbaren Wellenlängenbereich keine gleichmäßige Empfindlichkeit auf, nehmen auch nach größeren Wellenlängen hin in der Empfindlichkeit nicht gleichmäßig ab, sondern zeigen für eine oder mehrere Wellenlängen Höchstwerte (s. Bild 17b). Schließlich wird die Empfindlichkeit für die obere Grenzwellenlänge zu Null. Oberhalb dieser Wellenlänge ist ein auch noch so großer Lichtstrom unfähig, Elektronen auszulösen, weil kein Photon die dazu erforderliche Mindestenergie hat. Die wellenlängenabhängige Empfindlichkeit einer Fotozelle wird von der wellenlängenabhängigen Durchlässigkeit des Kolbenmaterials mitbestimmt (s. Kurve *II* und *III* im Bild 17b). Für ultrarotempfindliche Zellen setzt man in die Kolbenwand ein ultrarotdurchlässiges Quarzfenster ein.

Die der Katode gegenüberstehende Anode ist vorwiegend als Ring oder Netzgitter ausgebildet, da das gegenüber der Katode durch die Kolbenwand eintretende Licht möglichst ungeschwächt auf die Katode gelangen muß.

Die Elektrodenanschlüsse sind über einen Quetschfuß aus dem Kolben herausgeführt und enden in Lötdrähten, Metallkappen (für Klemmfassungen) oder Sockelstiften.

Die Evakuierung des Kolbenraums bzw. seine sich anschließende Füllung mit Edelgas geringen Druckes verhindert weitgehend eine Veränderung des Katodenmaterials durch Reaktion mit Gasmolekülen und gewährleistet damit ein angenähert gleichartiges lichtelektrisches Verhalten der Fotozelle über lange Zeit.

Vakuum- und gasgefüllte Fotozellen zeigen unterschiedliches elektrisches Verhalten. Eine Vakuumfotozelle ergibt im beleuchteten Zustand bei Anlegen einer festen Gleichspannung (Pluspol an der Anode) einen Strom, der für jede Wellenlänge unterhalb der Grenzwellenlänge streng proportional mit der einfallenden Lichtmenge wächst (Bild 18a, Kurve *I*), da mit steigender Lichtmenge die Photonenanzahl und damit die Anzahl der abgelösten Elektronen steigt. Nur für kleine Gleichspannungswerte werden nicht alle abgelösten Elektronen zur Anode gezogen, und man erhält in diesem Bereich unterhalb des Sättigungsstroms, je nach der geometrischen Anordnung der Elektroden für Spannungen bis minimal 2 und maximal 60 V, keine Unabhängigkeit des Fotozellenstroms von der Betriebsspannung (s. Bild 18b, Kurve *I*).

Gasgefüllte Fotozellen erreichen höhere Werte für den Fotostrom, der sich aus den primär ausgelösten Elektronen und den von ihnen durch Stoßionisation mit Edelgasatomen erzeugten Elektronen und Edelgasionen zusammensetzt (s. Abschn. 2.1.2. und 2.3.1.). Eine Proportionalität zwischen einfallender Lichtstrommenge und Fotostrom zeigt sich daher

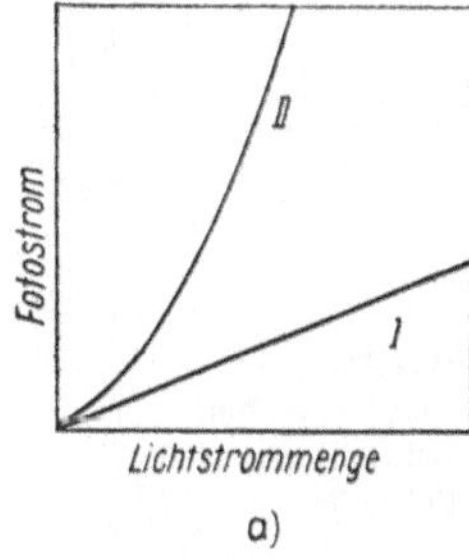

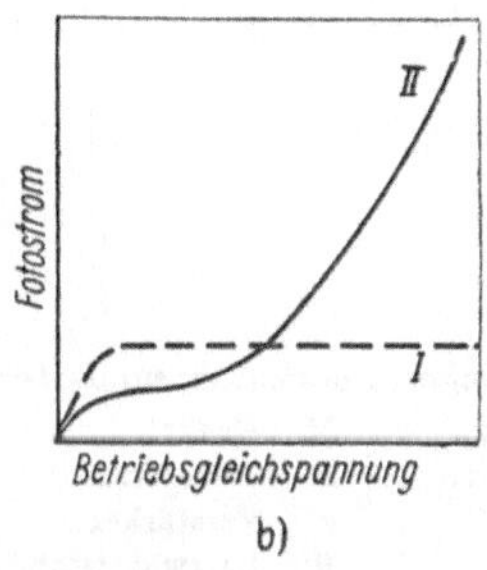

Bild 18

a) Abhängigkeit zwischen Fotostrom und Lichtstrom;
b) Strom-Spannungs-Kennlinien von Fotozellen (Kurve *I*: Vakuumfotozelle, Kurve *II*: gasgefüllte Fotozelle)

nur für kleine, konstante Betriebsspannungen und kleine Lichtströme, für die eine Stoßionisation noch unwahrscheinlich ist (s. Bild 18a, Kurve *II*). Größere Betriebsspannungen können im Gegensatz zu Vakuumfotozellen keinen Sättigungsstrom für eine konstante Lichtmenge ergeben (s. Bild 18b, Kurve *II*). Um die Strombelastung einer gasgefüllten Zelle niedrig zu halten, arbeitet man mit hochohmigen Schaltungen und Betriebsspannungen weit unter der Glimmspannung.

Bei Betrieb von Fotozellen mit Gleichspannung und Wechsellicht oder Wechselspannung und Gleichlicht arbeitet die Anode-Katode-Strecke als Gleichrichter; man erhält einen pulsierenden Fotozellengleichstrom, dessen Größe bis zu Wechsellicht- bzw. Wechselspannungsfrequenzen von etwa 1 MHz bei Vakuumfotozellen, bis zu 1 kHz bei gasgefüllten Zellen frequenzunabhängig ist. Die niedrige Grenzfrequenz gasgefüllter Zellen erklärt sich durch die beträchtlich größere Trägheit der am Strom beteiligten Gasionen.

Der Einsatz von Fotozellen erfordert besondere Sorgfalt. Fotozellen sind Bauelemente mit einem sehr hohen Innenwiderstand (Größenordnung: einige Megaohm); sie sind daher gut isoliert in die Schaltung einzusetzen. Durch Schaltmaßnahmen und großflächige Ausleuchtung der Katode ist die Flächenbelastung der Katode unter 0,5 µA/cm² zu halten.

Die Lebensdauer ist von der Güte des Vakuums bei Vakuumzellen bzw. von der Reinheit des Füllgases bei gasgefüllten Zellen abhängig und um so größer, je kleiner die Betriebsspannung und Katodenbelastung gewählt wird. Die Umgebungstemperatur ist auf maximal +50°C zu beschränken

und ist zwischen —40 und +50 °C praktisch ohne Einfluß auf die lichtelektrischen Eigenschaften der Zelle.

Fotozellen setzt man auf dem Gebiet der Automatisierungstechnik zur
lichtelektrischen Verstärkung kleiner Gleichspannungen ein (Bild 19). Die
Verstärkung erfolgt nach dem Lindeck-Rothe-Prinzip. Eine Eingangsspannung U_E verursacht eine derartige Auslenkung eines Spiegelgalvano-
meters G, daß die veränderte Beleuchtung der Fotozelle F über einen

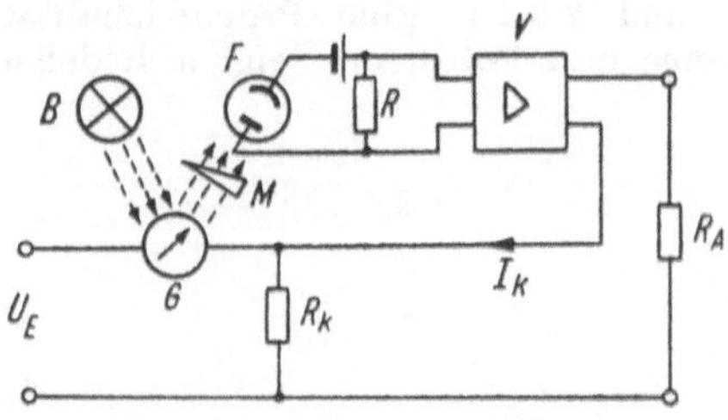

Bild 19. Fotoelektrischer Verstärker nach dem Lindeck-Rothe-Prinzip

U_E Eingangsspannung; M Maske; I_k Ausgangsstrom;
G Spiegelgalvanometer; R Widerstand; B Beleuehtungsquelle;
R_K Kompensations- V Verstärker; F Fotozelle
widerstand; R_A Lastwiderstand;

Verstärker V einen Kompensationsstrom I_K auslöst, der am Kompensa-
tionswiderstand R_K eine der Eingangsspannung nahezu gleich große
Gegenspannung hervorruft. Der Ausgangsstrom ist streng proportional

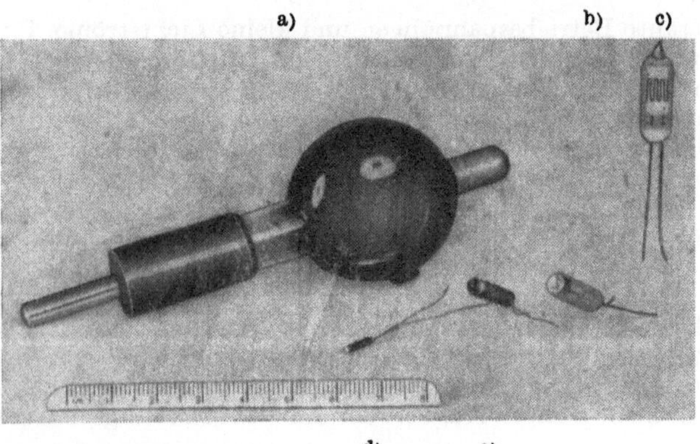

Bild 20. Fotoelektronische Bauelemente
a) Fotozelle; b), c) CdS-Fotowiderstand; d), e) Ge-Fotodioden

der Eingangsspannung. Ferner werden Fotozellen verwendet zur lichtelektrischen Abtastung von Profilen, in schnellen Zählschaltungen mit
Lichtschranke, als lichtempfindliches Element in Analysengeräten, deren
Prinzip auf dem geeigneten Einfluß des zu untersuchenden Mediums auf
einen durchgehenden oder reflektierten Strahl beruht, sowie als strahlungs-
empfindliches Element bei der berührungslosen Temperaturmessung an

schnell bewegten Objekten auf Grund ihrer Wärme- und sichtbaren Strahlung. Da jedoch die schaltungstechnische Handhabung von Fotozellen auf Grund ihres hohen Innenwiderstands nicht ganz einfach ist, werden sie nur dann anderen fotoelektronischen Bauelementen vorgezogen, wenn eine besondere Eigenschaft entscheidend ist: spezielle wellenlängenabhängige Empfindlichkeit, die Eignung auch für hohe Frequenzen, die Temperaturunabhängigkeit oder die relativ hohe Konstanz der Betriebsdaten. Tafel 2 liefert zum Vergleich einen Überblick über die Eigenschaften von fotoelektronischen Bauelementen; Bild 20 zeigt eine Zusammenstellung solcher Bauelemente. Eine einheitliche Typenbezeichnung existiert nicht.

2.4.2. *Fotowiderstände*

Fotowiderstände bestehen aus Halbleitermaterialien, in deren Innerem bei Beleuchtung Elektronen aus ihrer Bindung zu den Kristallbausteinen befreit werden (innerer lichtelektrischer Effekt); diese Elektronen erhöhen die Leitfähigkeit des Fotowiderstands. Dieser Effekt tritt ebenso wie der äußere lichtelektrische Effekt nur dann auf, wenn die im Halbleiterkristall

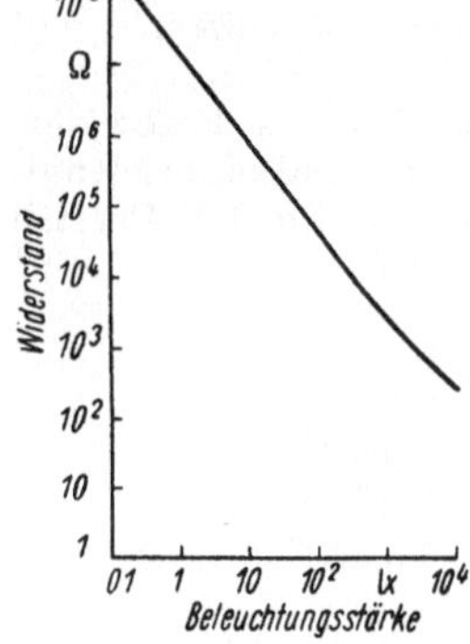

Bild 21
Abhängigkeit des Widerstands eines Fotowiderstands von der Beleuchtungsstärke

absorbierten Photonen eine Mindestenergie zur Elektronenablösung haben, d. h. das eingestrahlte Licht eine Wellenlänge aufweist, die unterhalb einer Grenzwellenlänge liegt. Außerdem muß der Halbleiterkristall das Licht offensichtlich genügend tief eindringen lassen, d. h. eine gewisse Durchlässigkeit aufweisen.

Im unbeleuchteten Zustand ergibt sich bei Anlegen einer Gleichspannung an den Fotowiderstand ein „Dunkelstrom" und damit ein Dunkelwiderstand, der von der temperaturabhängigen Leitfähigkeit des Halbleitermaterials bestimmt wird. Bei Beleuchtung und konstanter Betriebsspannung erhält man einen mit zunehmender Beleuchtung in engen Grenzen nahezu gleichmäßig abnehmenden Widerstand (Bild 21). Andererseits nimmt bei konstanter Beleuchtung der Fotostrom mit steigender Betriebsspannung zunächst gleichmäßig zu, um dann einen Sättigungswert zu erreichen, für den alle lichtelektrisch ausgelösten Elektronen zum Stromdurchgang beitragen; daher wählt man als Betriebsspannung einen Wert oberhalb des Sättigungspunkts. Da die Empfindlichkeit von Fotowider-

ständen wellenlängenabhängig ist (Bild 22), gilt jede Kennlinie für eine
bestimmte Wellenlänge.

Als Halbleitermaterialien für Fotowiderstände haben sich vorwiegend
Verbindungen von Blei bzw. Kadmium mit Selen oder Schwefel erwiesen,
die auf geeigneten Unterlagen unter Vakuum aufgedampft und mit Elektroden versehen werden. Bei anderen Verfahren wird die lichtelektrische
Schicht aus einer Lösung mit chemischen Mitteln ausgefällt oder auf-
gespritzt.

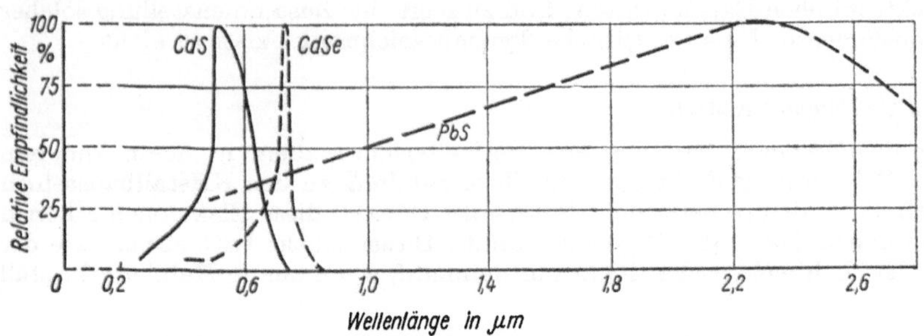

Bild 22. Wellenlängenabhängige Empfindlichkeit von Fotowiderständen

Die Materialart bestimmt den Empfindlichkeitsbereich des Fotowiderstands (s. Bild 22). So sind Kadmiumsulfid- (CdS-) und Kadmiumselenid-
(CdSe-) Fotowiderstände im sichtbaren und teilweise im UV-Bereich

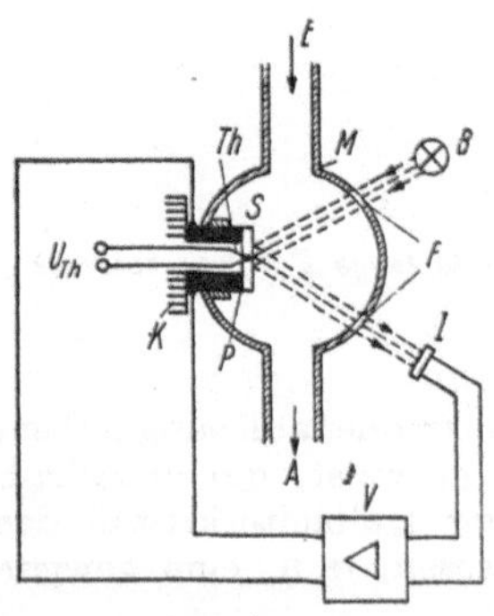

Bild 23. Prinzipaufbau eines optischen Taupunkthygrometers

E	Gaseintrittsöffnung;	*S*	Spiegel;	*F*	Fenster;
A	Gasaustrittsöffnung;	*Th*	Thermoelement;	*I*	fotoelektronischer
M	Meßkopf;	*P*	Peltier-Kühlelement;		Indikator;
B	Beleuchtungsquelle;	*K*	Kühlfläche;	*V*	Verstärker

brauchbar, Ge-Fotowiderstände im sichtbaren und UR-Bereich, während
der ausgeprägte Empfindlichkeitsbereich von Bleisulfid- (PbS-) Fotowiderständen im ultraroten Gebiet liegt.

Im Vergleich zu Fotozellen haben Fotowiderstände ein weitaus ungün-
stigeres Verhältnis zwischen Dunkel- und Fotostrom, zeigen eine merkliche

Temperaturabhängigkeit beider Ströme, im Wechsellicht- und Wechselspannungsbetrieb bei wesentlich niedrigeren Frequenzen (oberhalb 100 bis 200 Hz) einen Abfall der Empfindlichkeit (insbesondere nimmt die zugelassene obere Frequenz mit sinkender Beleuchtungsstärke stark ab) und unterliegen in ihren lichtelektrischen Eigenschaften einer merklichen Veränderung infolge Alterung (s. Tafel 2). Fotowiderstände werden daher auf den für Fotozellen genannten Gebieten eingesetzt, für die die Frequenz- und Temperaturabhängigkeit sowie die Alterung unmaßgeblich oder kompensierbar sind, evtl. die besondere wellenlängenabhängige Empfindlichkeit ausgenutzt wird und ein ungünstiges Dunkelstrom-Fotostrom-Verhältnis sowie die engen Proportionalitätsgrenzen der Kennlinien von untergeordneter Bedeutung sind. So eignen sich PbS-Fotowiderstände vornehmlich für berührungslose Temperaturmeßeinrichtungen (Pyrometer) bei niedrigen Objekttemperaturen (100 bis 400 °C), da in diesem Meßbereich der Hauptanteil der Strahlung im Ultrarotbereich liegt. CdSe-Fotowiderstände mit ausgeprägter Empfindlichkeit im sichtbaren Bereich sind vorwiegend für lichtelektrische Abtasteinrichtungen verwendbar, beispielsweise bei Taupunkthygrometern mit optischer Abtastung der Spiegelbetauung zur Regelung der Kühlleistung eines Peltier-Kühlelements entsprechend der Taupunkttemperatur (Bild 23).

2.4.3. *Fotodioden (Fotoelemente)*

Grundbestandteil einer Fotodiode ist ein flächenhafter pn-Übergang geringer Schichtdicke auf der Basis von Germanium oder Silizium (s. Abschn. 2.1.3.), der in Sperrichtung betrieben wird (Bild 24a). Im unbelichteten Zustand erhält man den normalen, von den Minoritätsträgern der n- bzw. p-Zone getragenen Sperrstrom. Bei Einstrahlung von Licht in die p- oder n-Zone erzeugen die Photonen unter Verbrauch ihrer Energie im Innern der Zone Elektron-Loch-Paare. Während die erzeugten Majoritätsträger (Elektronen der n-Zone bzw. Löcher der p-Zone) im Sperrbetrieb keinen Beitrag zum Stromdurchgang leisten können, vergrößern die Minoritätsträger durch Wanderung über den pn-Übergang den Sperrstrom. Der Sperrwiderstand einer Fotodiode nimmt daher mit steigender Beleuchtung ab.

Sorgt man durch die im Bild 24a angedeutete flache Gestaltung der aneinander angrenzenden n- und p-Zone dafür, daß praktisch kein erzeugter Minoritätsträger auf seinem Weg durch den pn-Übergang zur Elektrode durch Wiedervereinigung verlorengeht, so erhält man eine in weiten Grenzen der Betriebsspannung gültige gleichmäßige Zunahme des Sperrstroms mit der Beleuchtung (s. Bild 24b).

Germaniumfotodioden sind im sichtbaren und UR-Bereich empfindlich (s. Bild 24c, Kurve *I*), haben wie Fotowiderstände den Nachteil der Temperaturabhängigkeit des Sperrstroms, zeichnen sich aber diesen gegenüber durch Verwendbarkeit bis zu hohen Frequenzen (max. 100 kHz) und durch kleine Empfangsfläche aus (s. Tafel 2). Sie ersetzen Fotowiderstände daher in den Anwendungsfällen, bei denen es auf kurze Ansprechzeiten bzw. kleine Abbildungsfläche ankommt. Sie sind bis maximal 50°C einsetzbar. Fotodioden aus Silizium sind für Umgebungstemperaturen bis maximal $+175\,°C$ geeignet. Fotodioden werden für Zählschranken hoher Zählfrequenz, Pyrometer kleiner Einstellzeit, Winkel- bzw. Weg-Impuls- und Winkel- bzw. Weg-Kode-Umsetzer und zur Abtastung von Profilen eingesetzt.

Eine Fotodiode verhält sich bei Beleuchtung als Fotoelement, d. h., bei Fortfall der im äußeren Stromkreis nach Bild 24a eingeschalteten Spannungsquelle ist an den Klemmen der beleuchteten Fotodiode eine Gleichspannung meßbar. Obwohl in diesem Abschnitt nur passive Elemente behandelt werden, ist die Betrachtung von Fotoelementen wegen ihrer engen

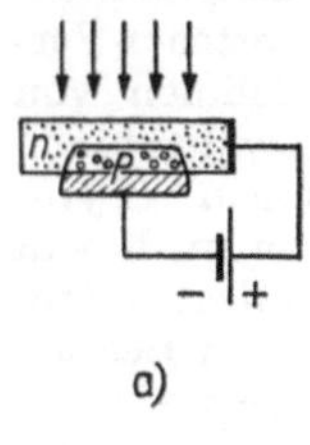

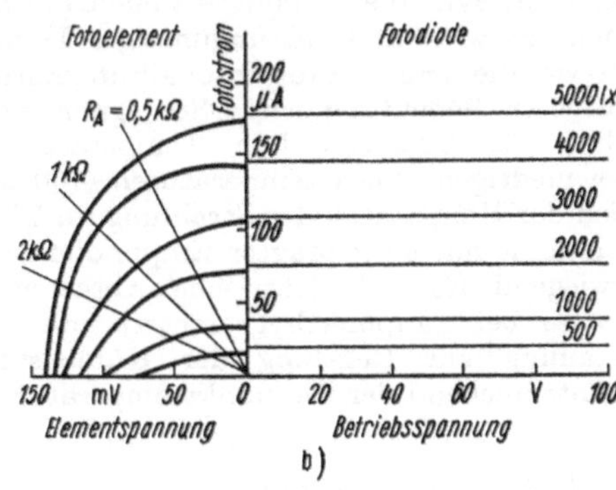

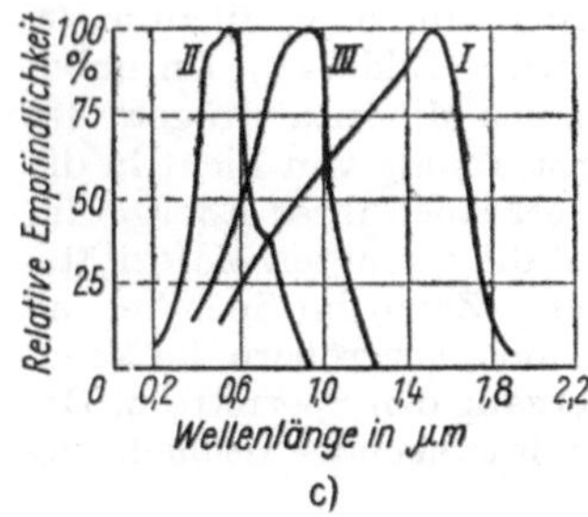

Bild 24. *Fotodiode und Fotoelement*
a) Aufbau; b) Kennlinienfeld; c) wellenlängenabhängige Empfindlichkeit einer Germanium-Fotodiode (I); zum Vergleich: Se-Fotoelement (II), Si-Fotoelement (III)

Verwandtschaft zu Fotodioden an dieser Stelle angebracht, zumal grundsätzlich jede Fotodiode als Fotoelement und umgekehrt eingesetzt werden kann. Ausschlaggebend für die Einsatzart ist zunächst die Schaltung. Die Erscheinung der Elementbildung bei einer Fotodiode beruht auf der Verarmung des unbeleuchteten pn-Übergangs an Ladungsträgern und seinem Sperrschichtverhalten (s. Abschn. 2.1.3.), das nur bei Anlegen einer in Durchlaßrichtung gepolten Spannung aufgehoben wird. Von den bei Beleuchtung in der n- und p-Zone zu beiden Seiten der Grenzschicht erzeugten Elektron-Loch-Paaren gehen jeweils die Minoritätsträger durch Wiedervereinigungen verloren, so daß sich an der Grenzschicht die Majoritätsträger in jeder Zone stauen. Ein Ausgleich der Ladungen über die

Grenzschicht wird infolge ihres Sperrschichtcharakters unterbunden; somit ist an den Klemmen der Fotodiode eine Gleichspannung meßbar, deren Polarität der Durchlaßrichtung entspricht. Die spektralen Empfindlichkeiten von Fotodiode und -element gleicher Bauform und gleichen Materials stimmen überein.

Als weitere Fotoelemente sind gebräuchlich: Selen-Fotoelemente im sichtbaren Bereich (s. Bild 24c, Kurve *II*) für maximal 60°C Umgebungstemperatur und Silizium-Fotoelemente im sichtbaren und UR-Bereich (s. Bild 24c, Kurve *III*) für maximal 175 °C Umgebungstemperatur. Bei Selen-Fotoelementen wird der pn-Übergang durch einen Metall-Halbleiter-Kontakt verwirklicht. Silizium-Fotoelemente zeichnen sich gegenüber Selen-Fotoelementen besonders durch Alterungsbeständigkeit aus.

Die abgegebene Spannung eines Fotoelements hängt bei konstanter Beleuchtung natürlich von dem angeschlossenen Abschlußwiderstand R_A ab (s. Bild 24b). Proportionalität zwischen der Beleuchtungsstärke und dem Ausgangsstrom besteht streng nur für den Kurzschlußfall. Für endliche Abschlußwiderstände engt sich der Proportionalitätsbereich ein. Außerdem verringert sich der Einfluß der Umgebungstemperatur auf die Kenndaten in dem Maß, wie der Abschlußwiderstand gegen Null geht. Im Kurzschlußfall wird die höchste Grenzfrequenz erreicht, da hierfür die Kapazität der Sperrschicht ohne Wirkung bleibt. Die Anwendung der Kurzschlußschaltung ist ferner wegen des geringen Eingangswiderstands von nachgeschalteten halbleitenden Verstärkerbauelementen willkommen.

Im Abschn. 3.3.1. wird ein weiteres fotoelektronisches Bauelement, der Fototransistor, behandelt. Tafel 2 vermittelt eine vergleichende Übersicht für fotoelektronische Bauelemente.

3.   Aktive Bauelemente

Die Leistung elektrischer Signale, die man einem zu beeinflussenden Prozeß als Kennzeichen für seinen Zustand (z. B. Betrag einer Temperatur, eines Füllstands, eines Druckes) über eine Meßeinrichtung entnimmt, reicht in vielen Fällen zur direkten Beeinflussung dieses Prozesses nicht aus. Die Signalleistung wird daher mit Hilfe aktiver Bauelemente verstärkt. Die gemeinsame Funktion dieser Bauelemente ist die Steuerung einer größeren Leistung durch die geringere Signalleistung. Die gesteuerte Leistung wird dabei einer Hilfsstromquelle entnommen. Die Signale als elektrische Ausgangsgrößen der Meßeinrichtungen können sowohl eine stetige analoge Form, wie Gleichspannungen oder -ströme bzw. Wechselspannungen oder -ströme, als auch eine impulsförmige analoge oder eine digitale Form haben. Die Auswahl von bestimmten aktiven Bauelementen unter den gebotenen wird durch die Form und Leistung des zu verstärkenden Signals, den Grad der vorgeschriebenen Leistungsverstärkung, die geforderte Form und Leistung des Ausgangssignals, das notwendige Zeitverhalten und die speziellen Betriebsbedingungen beeinflußt.

Die Proportionen in der Anwendung der verschiedenen, insbesondere aktiven Bauelemente haben sich durch die Entwicklung der Halbleitertechnik in jüngster Zeit sehr stark verschoben. Viele Einrichtungen zur

Automatisierung sind, oft unter Beibehaltung ihrer Grundfunktion, durch Ausführungen in Halbleitertechnik ersetzt worden. Diese Entwicklung wurde durch verschiedene Faktoren bewirkt. Die Erfahrungen in der Herstellung und Handhabung der Halbleiterbauelemente sind beträchtlich gewachsen, derart, daß im gleichen Maß wie bei Vakuum- oder gasgefüllten Bauelementen ausreichende Kenntnisse über die Leistungsfähigkeit von Halbleiterbauelementen und die Randbedingungen für ihren Einsatz vorliegen. Die schon weitgehende Ablösung der herkömmlichen Bauelemente durch solche in Halbleitertechnik wurde mit dem wachsenden Umfang der Automatisierungsanlagen notwendig, um den relativen Raum- und Hilfsenergieleistungsbedarf zu verringern.

Vakuum- und gasgefüllte Bauelemente werden trotz dieser Entwicklung wegen ihres Vorhandenseins in bestehenden Automatisierungsmitteln in diesem Rahmen im erforderlichen Umfang behandelt.

3.1. Vakuumelektronenröhren

Fügt man in den Elektrodenaufbau einer Vakuumröhrendiode (s. Abschn. 2.1.1.) zwischen Katode k und Anode a eine gitterartige Elektrode, das Steuergitter g, ein, so erhält man eine *Triode* (Bild 25 a). Verändert man eine an das Steuergitter gegen Katode gelegte Steuerspannung U_g bei fester Anodenspannung U_a durch Verstellen des Potentiometerabgriffs P, so verzeichnet man den folgenden Einfluß der Steuerspannung auf den Anodenstrom I_a:

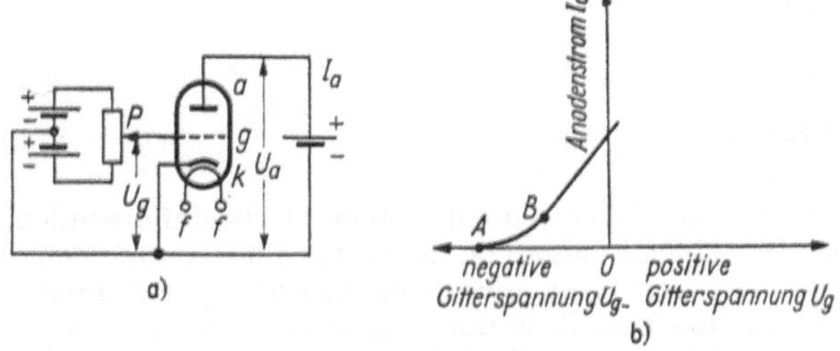

Bild 25. Triode
a) Schaltung; b) I_a- U_g-Kennlinie (feste Anodenspannung)

Für stark negative Steuergitterspannungen werden die von der Anode angezogenen Elektronen zur Katode zurückgedrängt; der Anodenstrom ist Null (Bereich links vom Punkt A im Bild 25 b). Bei Veränderung von U_g zu weniger negativen Werten vermag die Anodenspannung in zunehmendem Maß Elektronen durch das Steuergitter zur Anode zu ziehen. Der Anodenstrom I_a nimmt von Null an zunächst ungleichmäßig (von A nach B), dann proportional (oberhalb B) zu. Der Verlauf der I_a- U_g-Kennlinie nach Bild 25 b ist charakteristisch für alle Trioden. Der geradlinige Kennlinienteil setzt sich noch etwas in das Gebiet positiver Gitterspannungen U_g fort; dieser Bereich wird jedoch zur Aussteuerung vermieden, da der dadurch auftretende Gitterstrom einen unerwünschten Leistungsaufwand im

42

Gitterkreis mit sich bringt und außerdem zur Beschädigung der Triode führen kann.

Auch die Anodenspannung hat verständlicherweise einen merklichen Einfluß auf die Größe des Anodenstroms. Dieser Einfluß wird um so stärker durch die Steuerfähigkeit des Gitters überwogen, je enger die „Maschen" des Gitters sind und je größer der Abstand Anode—Katode im Verhältnis zum Abstand Gitter—Katode ist. Durch Wahl der geometrischen Abmessungen des Elektrodensystems besteht daher die Möglichkeit, den Grad des gegenseitigen Zusammenhangs von Steuergitterspannung, Anodenstrom und Anodenspannung und ihre Größenordnungen festzulegen. Dieser Zusammenhang wird in Kennlinien und den daraus abgeleiteten Kenngrößen Durchgriff, Steilheit und Innenwiderstand wiedergegeben.

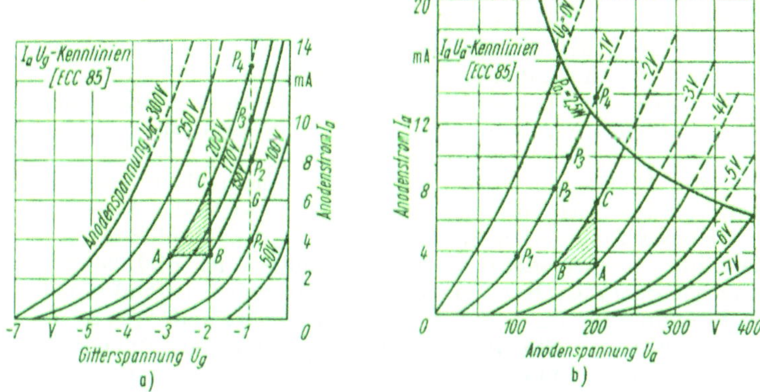

Bild 26. Triodensystem der Doppeltriode ECC 85
a) I_a- U_g-Kennlinien für verschiedene Anodenspannungen U_a;
b) I_a- U_a-Kennlinien für verschiedene Steuergitterspannungen U_g

Es bedarf einer wesentlich größeren Anodenspannungs- als Gitterspannungsänderung, um den Anodenstrom um denselben Betrag zu ändern. Im Bild 26a sind die in ihrem charakteristischen Verlauf gleichartigen I_a- U_g-Kennlinien eines Triodensystems der Doppeltriode ECC 85 für verschiedene Anodenspannungen aufgetragen. Verändern wir z. B. bei festgehaltener Anodenspannung $U_a = 200$ V die Gitterspannung U_g von —3 V auf —2 V, so nimmt der Anodenstrom von 3,2 mA auf 6,8 mA zu (Bewegung auf der Kennlinie $U_a = 200$ V von Punkt A nach C). Die Anodenstromänderung kann durch Senkung der Anodenspannung auf 150 V rückgängig gemacht werden (von Punkt C nach B). Demnach ruft eine Gitterspannungsänderung von 1 V dieselbe Anodenstromänderung hervor wie eine Anodenspannungsänderung von 50 V. Das Verhältnis beider Spannungsänderungen, hier von 1 : 50, nennt man den Durchgriff D; er beträgt also in diesem Gebiet des Kennlinienfelds einer ECC 85 $D = 0,02$. Auch die Angabe des 100fachen Wertes als Durchgriff in Prozent (hier 2%) ist gebräuchlich. Der Einfluß der Anodenspannung auf den Anodenstrom ist unerwünscht, da er, wie wir noch sehen werden, eine Verstärkungsminderung nach sich zieht. Die Röhrenhersteller sind daher u. a. bemüht, Trioden mit möglichst kleinem Durchgriff zu schaffen.

Für die Verstärkung eines Signals interessiert die durch eine gegebene Steuerspannungsänderung erzielbare Anodenstromänderung; offensichtlich soll diese Wirkung möglichst groß sein. Wir entnehmen sie den I_a-U_g-Kennlinien (s. Bild 26a) als die Kenngröße Steilheit S, die eine je Volt Gitterspannungsänderung hervorgerufene Anodenstromänderung angibt. Für $U_a = 200$ V und Änderung der Gitterspannung von —3 V auf —2 V stellen wir die Anodenstromzunahme von 3,6 mA fest; die Steilheit einer Triode der Doppelröhre ECC 85 beträgt im Bereich dieser I_a-U_g-Kennlinie demnach $S = 3,6$ mA/V. Die Steilheit einer Triode ist um so größer, je steiler die I_a-U_g-Kennlinie ansteigt.

Nach einem allgemeingültigen Satz der Elektrotechnik hat die Leistungsabgabe einer Stromquelle einen Höchstwert, wenn der Innenwiderstand der Stromquelle gleich dem Verbraucherwiderstand ist. Die daher bedeutungsvolle Kenngröße Innenwiderstand eines Triodensystems, z. B. der ECC 85, entnehmen wir den I_a-U_a-Kennlinien nach Bild 26b, in denen für jeweils feste Werte der Gitterspannung U_g der Zusammenhang zwischen Anodenstrom und Anodenspannung dargestellt ist. Man erhält sie durch Abnahme zusammengehörender Werte I_a, U_a und U_g aus den I_a-U_g-Kennlinien und Eintragung in das I_a-U_a-Kennlinienfeld; beispielsweise findet man für die feste Gitterspannung $U_g = $ —1 V die Wertepaare (I_a, U_a) in den Schnittpunkten P_1, P_2, P_3 und P_4 der Geraden G mit den I_a-U_g-Kennlinien verschiedener Anodenspannungen (s. Bild 26a). Die Verbindung der im I_a-U_a-Kennlinienfeld wiedergegebenen Punkte liefert die I_a-U_a-Kennlinie für $U_g = $ —1 V. Als Innenwiderstand R_i bezeichnet man bei festgehaltener Gitterspannung das Verhältnis einer Anodenspannungsänderung zu der von ihr hervorgerufenen Anodenstromänderung. Im Bereich des im Bild 26b eingezeichneten Dreiecks ABC wird R_i durch das Verhältnis der Seite AB zur Seite AC bestimmt. Der Innenwiderstand einer Triode ist demnach um so höher, je größer die für eine bestimmte Anodenstromänderung erforderliche Anodenspannungsänderung ist, je flacher also die I_a-U_a-Kennlinie verläuft. Seine Angabe erfolgt gewöhnlich in Megaohm.

Die drei Kenngrößen Durchgriff, Steilheit und Innenwiderstand stehen über die Kennlinien in einem engen Zusammenhang, der sich durch die Gleichung

$$S\ D\ R_i = 1$$

darstellt. Diese Kenngrößen sind in ihrem Wert wegen der Krümmung der Kennlinien vom gewählten Punkt auf einer Kennlinie abhängig. Ihre Angabe in Kenndatenblättern erfolgt in Form von Mittelwerten für den praktisch geradlinigen Bereich der Kennlinien.

Ein verstärktes Signal wird zu seiner Weiterverwendung an einen Verbraucher (z. B. einen weiteren Verstärker oder einen Stellmotor) abgegeben. Die Schaltung nach Bild 25a, die uns zur Kennlinienaufnahme diente, ist hierfür unvollständig und wird zunächst für ein Wechselspannungssignal zur Schaltung nach Bild 27a erweitert. Dem Steuergitter führt man zur Einstellung eines Arbeitspunkts eine negative Gittervorspannung U_{g0} zu. Die steuernde Wechselspannung u_E speist man am Eingang der Triodenstufe zwischen Gitter und Katode ein. Wenn eine galvanische Trennung zwischen Wechselspannungsquelle und Gitter-Katode-Strecke erwünscht ist und diese nicht bereits durch die Ausbildung der Quelle u_E (z. B. Transformator) gegeben ist, fügt man den Kondensator C_g in die Gitterzuleitung ein. Der Gitterableitwiderstand R_g stellt das Gleichstrompotential des Gitters gegen Katode her. Er wird zur geringen Belastung der steuernden Quelle u_E möglichst hochohmig (etwa 1 MΩ) ausgelegt; die obere Grenze ist durch den Isolationswiderstand der Gitter-Katode-Strecke in der Röhre gegeben, da anderenfalls dieser die Belastung

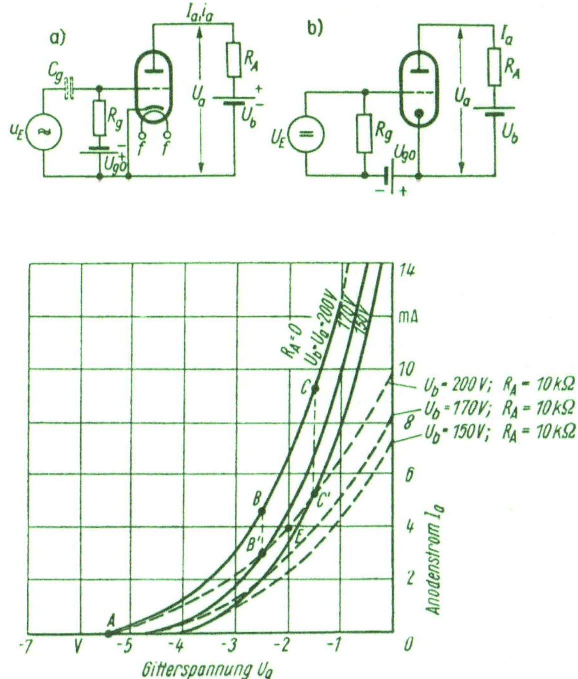

Bild 27. Verstärkerstufe mit Triode

a) Wechselspannungssignal; b) Gleichspannungssignal; c) Kurzschluß- und Arbeitskennlinien (Triodensystem einer ECC 85)

der Quelle u_E bestimmt und seine vorhandenen Schwankungen den Gitterkreis verändern. Die Anodenspannung U_a wird über den Verbraucher R_A einer Speisespannungsquelle U_b entnommen. Infolge des Anodengleichstroms I_a ist U_a um den Spannungsabfall $I_a R_A$ kleiner als U_b. Demnach ergeben sich gegenüber dem Kurzschlußfall $R_A = 0$ nach Bild 25a abweichende Verhältnisse, so daß die Lage des Arbeitspunkts, um den die Aussteuerung der Triodenstufe durch die Wechselspannung u_E erfolgen soll, nicht allein durch die Wahl der Gittervorspannung U_{g0} festgelegt ist. Wir erläutern die damit zusammenhängenden Änderungen im I_a-U_g-Kennlinienfeld mit Bild 27c.

Die Kurzschlußkennlinien ($R_A = 0$) eines Triodensystems der Doppeltriode ECC 85 sind in ausgezogenen Linien dargestellt. Wählt man beispielsweise die Betriebsgrößen $U_{g0} = -2{,}5$ V, $U_b = 200$ V und $R_A = 10$ kΩ, so verlagert sich der im Kurzschlußfall $R_A = 0$ gültige Arbeitpunkt B nach B'. Dem Punkt B' entspricht ein Anodenstrom $I_a = 3$ mA, der an $R_A = 10$ kΩ einen Spannungsabfall von 30 V erzeugt, also jenen Betrag, um den der zugehörige Anodenspannungswert $U_a = 170$ V kleiner als der Wert der Speisespannung $U_b = 200$ V ist. B' liegt also auf der Kurzschlußkennlinie $U_a = 170$ V. Dieselben Änderungen erfahren andere Punkte der Kennlinie $U_b = 200$ V für $R_A = 10$ kΩ (z. B. C wandert nach C'). Auf diese Weise erhält man die sog. Arbeitskennlinie (gestrichelt) als Verbindung der Punkte A, B', C', ..., die für die gewählten Betriebsgrößen $U_b = 200$ V, $R_A = 10$ kΩ gilt. Im Bild 27c sind für $R_A = 10$ kΩ und die Speisespannungswerte $U_b = 170$ V sowie 150 V weitere Arbeitskennlinien eingetragen. Größere Werte für R_A ergeben flacher ansteigende Arbeitskennlinien.

Die Steilheit einer Arbeitskennlinie ist stets kleiner als die Steilheit der zugehörigen Kurzschlußkennlinie; sie sinkt mit steigendem Widerstandswert des Verbrauchers. Daher gibt die in den Kenndatenblättern der Röhrenhersteller angeführte Steilheit der Kurzschlußkennlinie nicht den unmittelbaren Aufschluß über die Leistungsfähigkeit einer Triode. Auch der Durchgriff muß beachtet werden, der den unerwünschten Einfluß der Anodenspannung auf den Anodenstrom kennzeichnet und letztlich für die Verflachung der Kurzschluß- zur Arbeitskennlinie verantwortlich ist.

Bei gewählter Speisespannung U_b und gegebenem Verbraucherwiderstand R_A kann nunmehr endgültig auf der zugehörigen Arbeitskennlinie der Arbeitspunkt bestimmt werden, um den die Aussteuerung durch das Eingangssignal u_E erfolgen soll. Man wählt ihn zweckmäßigerweise etwa in der Mitte des nahezu geradlinigen Teils der Arbeitskennlinie, um gleich große Aussteuerbereiche zu stärker und geringer negativen Gitterspannungen zu erhalten. (Für kleine Aussteuerungen wird der Arbeitspunkt auch bei kleineren Anodenströmen gewählt, um den Leistungsaufwand im nichtausgesteuerten Zustand zu verringern.) Für $U_b = 200$ V und $R_A = 10$ kΩ ist es etwa der Punkt E mit $U_{g0} = -2{,}0$ V. Die Aussteuerung des Anodenstroms um diesen Arbeitspunkt durch eine kleine Wechselspannung u_E stellt Bild 28a dar. Ähnlich der Darstellung im Abschn. 2.1.1. (s. Bild 3a) konstruieren wir über der Zeitachse t' den Anodenwechselstrom i_a, der dem im gewählten Arbeitspunkt vorhandenen Anodengleichstrom I_a überlagert ist.

Die am Verbraucher R_A entstehende Wechselspannung u_a erhält man rechnerisch als $u_a = R_A i_a$ oder auch zeichnerisch im I_a-U_a-Kennlinienfeld (Bild 28b). Dazu konstruiert man die Widerstandsgerade $R_A = 10$ kΩ für $U_b = 200$ V. Zwei Punkte sind dafür erforderlich: Für größere Gitterspannungen als -6 V ist $I_a = 0$, d. h. $U_b = U_a$ (Punkt A); mit $I_a = 10$ mA ist $R_A I_a = 100$ V, demnach $U_a = 100$ V (Punkt B). Die Verbindung beider Punkte A und B ergibt die Widerstandsgerade. Der zeitliche Verlauf der Anodenwechselspannung u_a ergibt sich mit der uns bereits bekannten punktweisen Konstruktion, indem entsprechend der Aussteuerung durch u_E um den Arbeitspunkt E auf der Widerstandsgeraden die zugehörigen Werte der Anodenspannung abgelesen werden.

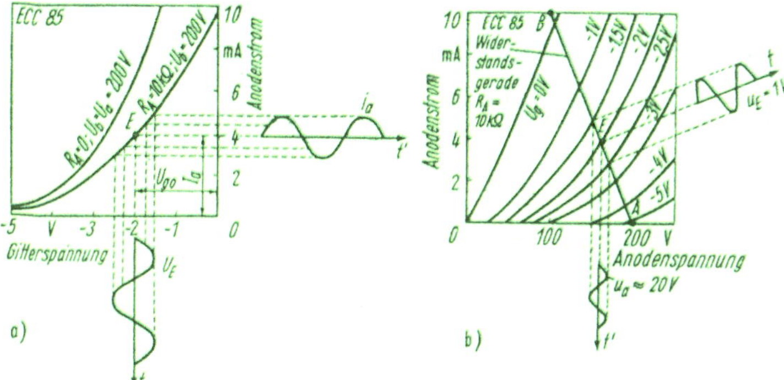

Bild 28. Aussteuerung einer Triode
dargestellt im a) I_a- U_g-Arbeitskennlinienfeld; b) im I_a; U_a-Kennlinienfeld mit Widerstandsgerade

Die Erzeugung der Gittervorspannung U_{g0} erfolgt in der praktischen Ausführung einer Verstärkerstufe durch eine im Netzteil vorgesehene Teilspannung oder durch eine Anhebung des Katodenpotentials relativ zum Gitterpotential mittels des am Katodenwiderstand R_K erzeugten Spannungsabfalls (Bild 29). Dieser Katodenwiderstand wird bei Verstärkung von Wechselspannungen über einen Kondensator C_K hoher Kapazität wechselstrommäßig kurzgeschlossen, um einen wechselstromseitigen Spannungsverlust an R_K zuungunsten der Ausgangsleistung zu vermeiden.

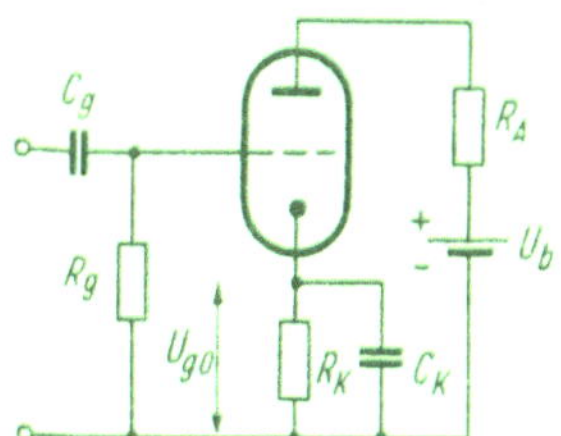

Bild 29
Verstärkerstufe mit Gittervorspannungserzeugung durch Katodenwiderstand

Besteht die Notwendigkeit einer galvanischen Trennung zwischen dem Anodenstromkreis und dem Verbraucherkreis, so wird eine transformatorische Kopplung vorgenommen (Bild 30a). Im Unterschied zum rein ohmschen Verbraucher R_A im Anodenstromkreis wird hierbei die Lage des Arbeitspunkts neben der Gittervorspannung nur durch den ohmschen Widerstand R der Transformatorwicklung auf der Primärseite bestimmt (s. Bild 30b). Dieser durch den Anodenstrom im Arbeitspunkt am ohmschen Widerstand erzeugte Spannungsabfall ist praktisch vernachlässigbar.

Die Widerstandsgerade ist in ihrer Steigung gegeben durch den auf die
Primärseite transformierten Verbraucherwiderstand

$$R_\mathrm{A}' = R_\mathrm{A}\,\frac{W_\mathrm{p}{}^2}{W_\mathrm{s}{}^2},$$

wenn W_p die Windungszahl des Transformators im Anodenstromkreis
als Primärseite und W_s die Windungszahl im Verbraucherkreis ist, während
die Sekundärspannung u_s durch den auf die Sekundärseite transformierten
Spannungsabfall $u_\mathrm{p} = i_\mathrm{a}\,R_\mathrm{A}'$ bestimmt ist:

$$u_\mathrm{s} = u_\mathrm{p}\,\frac{W_\mathrm{s}}{W_\mathrm{p}} = i_\mathrm{a}\,R_\mathrm{A}\,\frac{W_\mathrm{p}}{W_\mathrm{s}}.$$

Momentanwerte von u_p können eine größere Amplitude als die Speisespannung aufweisen. Die transformatorische Kopplung zwischen Anoden-
strom- und Verbraucherkreis erlaubt zusätzlich durch Wahl des Über-
setzungsverhältnisses eine Anpassung des Verbrauchers an die Kennwerte
der Triode und vermeidet eine Grundbelastung des Verbrauchers durch
den Anodenstrom im Arbeitspunkt E'.

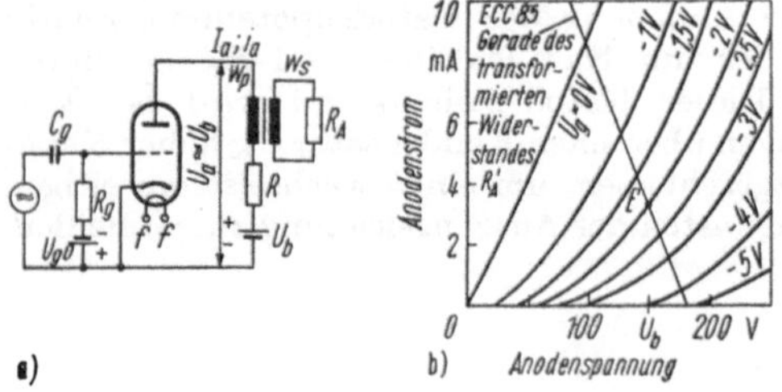

Bild 30. Trioden-Verstärkerstufe mit Transformatorkopplung
a) Schaltungsschema;
b) I_a- U_a-Kennlinienfeld mit Gerade des transformierten Widerstands

Für die Verstärkung einer Gleichspannung U_E ist die Änderung der Tri-
odenschaltung nach Bild 27b erforderlich, um eine unkontrollierbare
Spannungsteilung von $U_{\mathrm{g}0}$ zwischen dem Gitterableitwiderstand R_g und
dem Innenwiderstand der Signalquelle U_E zu vermeiden. Im übrigen erhält
man die Aussteuerung des Anodenstroms durch eine Signalgleichspannung
U_E als Arbeitspunktverlagerung auf der Arbeitskennlinie.

Die im Bild 27a gezeigte Schaltung einer Triode hat als gemeinsamen
Pol für Ein- und Ausgangssignal die Katode; sie wird daher Katodenbasisschaltung genannt. Eine Schaltung nach Bild 31 hat als solchen gemeinsamen Pol die Anode; eine Triode in Anodenbasisschaltung (auch
Katodenverstärkerstufe genannt) hat als wirksamen Eingangswiderstand
einen gegenüber dem Gitterableitwiderstand R_g vergrößerten Wert, da-

gegen ist der Ausgangswiderstand (Quellenwiderstand) sehr niederohmig. Es interessieren drei hauptsächliche Arten der Verstärkung:

1. Bei einer maximalen *Leistungsverstärkung* muß für die Gleichheit von Triodeninnenwiderstand R_i und Verbraucherwiderstand R_A gesorgt werden; sie ist für Endverstärkerstufen wichtig, die z. B. zur Steuerung von elektrischen Leistungsstellgliedern dienen. Die Anpassung zwischen R_i und R_A kann transformatorisch erfolgen.

2. Eine maximale *Stromverstärkung* erfordert einen möglichst geringen und

3. eine maximale *Spannungsverstärkung* einen extrem hohen Verbraucherwiderstand. Die maximale Stromverstärkung ist bei Anschluß niederohmiger Verbraucher anzustreben. Sie wird z. B. durch eine Anodenbasisstufe erreicht, während bei der Verstärkung kleiner Meßsignale in möglichst wenig Stufen die maximale Spannungsverstärkung ausschlaggebend ist. Diese Idealfälle können in der Praxis meist nur angenähert verwirklicht werden.

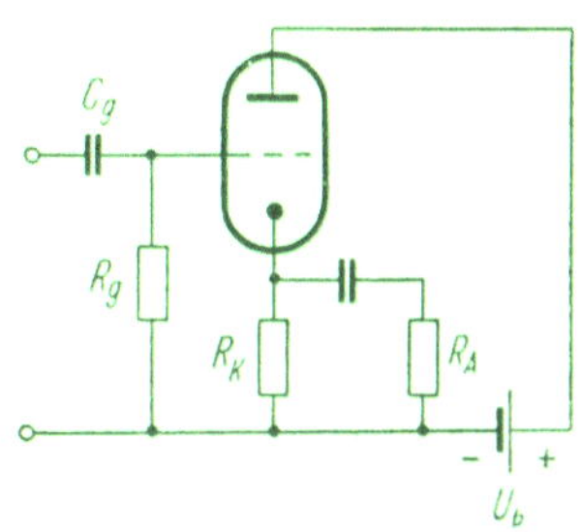

Bild 31. Anodenbasis-Verstärker (für Wechselspannung)

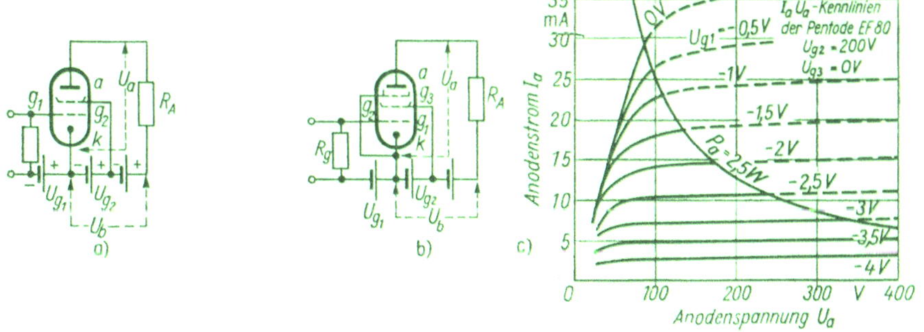

Bild 32

a) Tetrodenschaltung; b) Pentodenschaltung; c) I_a- U_a-Kennlinien der Pentode EF 80. Die bisher gebräuchlichen Schaltzeichen für Tetrode und Pentode zeigt Bild 32. Nach TGL 16016 entfällt eine besondere Kennzeichnung des Brems- oder Schirmgitters im Vergleich zum Steuergitter

Um eine Wärmeüberlastung der Triode zu vermeiden, ist eine maximale Anodenbelastung vorgeschrieben, die im I_a-U_a-Kennlinienfeld als Grenzleistungskurve eingetragen wird und für eine Triode des Doppelsystems ECC 85 2,5 W beträgt (Kurve $P_a = 2{,}5$ W im Bild 26b). Dabei ist zu beachten, daß die maximale thermische Belastung für den nichtausgesteuerten Zustand besteht; sie vermindert sich bei Aussteuerung um die an den Verbraucher abgegebene effektive Leistung.

Der Einfluß der Anodenspannung auf die Größe des Anodenstroms einer Triode — als Folge des Durchgriffs D der Anode durch das Steuergitter hindurch zur Katode — ist oft unerwünscht. Durch Einfügen eines weiteren, abschirmenden Gitters, des Schirmgitters g_2, zwischen Steuergitter g_1 und Anode a vermindert man den Durchgriff ohne Steilheitsabnahme, indem dieses Schirmgitter an eine feste, gegen Katode positive Spannung U_{g2} gelegt wird (Bild 32a). Die Schirmgitterröhre *(Tetrode)* hat durch die Einführung einer anderen Mehrgitterröhre, der *Pentode*, an Bedeutung verloren, so daß wir sie nicht näher behandeln.

Eine Pentode hat zwischen Schirmgitter und Anode ein drittes Gitter, das Bremsgitter g_3 (Bild 32b). Es wird zum Teil bereits in der Röhre, meist aber in der Schaltung mit der Katode verbunden und ist daher negativ gegen Schirmgitter und Anode. Das Bremsgitter hat den Rückstrom von Elektronen, die durch die Elektronen des Anodenstroms aus der Anode herausgeschlagen werden, von der Anode zum Schirmgitter zu verhindern, da anderenfalls diese Sekundärelektronen den vom Steuergitter g_1 gesteuerten Anodenstrom verringern und verfälschen. Der bereits bei der Tetrodenanordnung verminderte Durchgriff der Anode zur Katode wird für eine Pentode durch das Bremsgitter noch weiter verkleinert. Bei gleicher Steilheit und wesentlich kleinerem Durchgriff weist eine Pentode einen beträchtlich hohen Innenwiderstand vergleichsweise zur Triode auf.

Der praktisch vernachlässigbare Durchgriff der Anode bei einer Pentode wird durch die I_a-U_a-Kennlinien verdeutlicht, die bereits für kleine Anodenspannungen die Unabhängigkeit des Anodenstroms von der Anodenspannung zeigen. Allerdings hat das Schirmgitter einen Durchgriff, so daß sich die I_a-U_a-Kennlinien des Bildes 32c z. B. mit einer Zunahme der Schirmgitterspannung zu höheren Anodenstromwerten verschieben. Der Einfluß des Schirmgitterdurchgriffs auf den Anodenstrom wird mit der Wahl einer festen Schirmgitterspannung U_{g2} unterbunden.

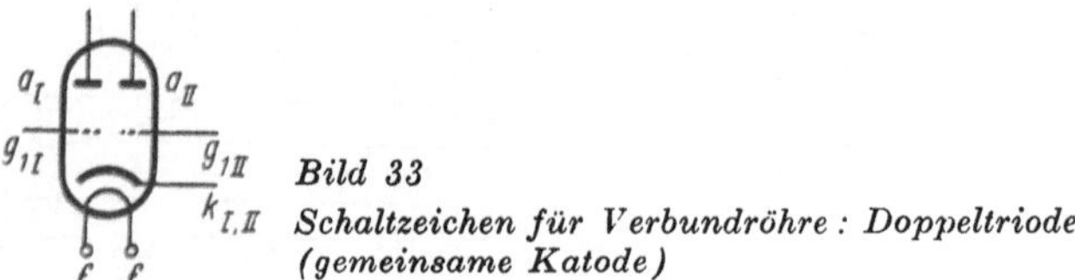

Bild 33

Schaltzeichen für Verbundröhre: Doppeltriode
(gemeinsame Katode)

Eine Folge des aufgehobenen Anodendurchgriffs ist die Übereinstimmung der Kurzschluß- und Arbeitskennlinien. Außerdem ist daher die Steilheit der Pentode von der Belastung im Anodenkreis nahezu unabhängig und somit die mit einer Pentode erzielbare Verstärkung wesentlich höher.

Unter den Pentoden sind Typen zu finden, deren I_a-U_g-Kennlinien durch besondere Gestaltung des Steuergitters bewußt stark gekrümmt ausgebildet worden sind, also eine vom Arbeitspunkt abhängige Steilheit aufweisen. Diese als Regelröhren bezeichneten Typen gestatten durch Arbeitspunktverschiebung eine Veränderung der Verstärkung.

Röhren mit mehr als drei Gittern finden bei der Steuerung des Anodenstroms durch zwei verschiedene, voneinander unabhängige Steuersignale Verwendung.

Als Beispiel einer Triode wurde bereits ein System der Doppeltriode ECC 85 angeführt. Derartige Verbundröhren, die zwei gleiche oder verschiedene Elektrodensysteme in einem Kolben vereinigen, sind sehr gebräuchlich und finden häufig Verwendung bei Gegentaktschaltungen (gleichartige Elektrodensysteme) und Kaskadenschaltungen (z. B. Triode und Pentode). Die Katoden beider Systeme sind getrennt oder zu einer gemeinsamen vereinigt (Bild 33).

Vakuumelektronenröhren sind in einer beträchtlich großen Anzahl von Typen herausgebracht worden, die sich hinsichtlich der Gitterzahl, Heizungsart sowie -daten, der Werte für Steilheit, Innenwiderstand und Durchgriff, bezüglich der Leistung und der äußeren Form unterscheiden. Die Abweichungen zwischen verschiedenen Typen sind oft unbedeutend. so daß die Vielzahl der Röhren verwirrt. Für Automatisierungseinrichtungen werden nur Typen mit indirekt geheizter Katode gleicher Heizspannung von 6,3 V für Parallelschaltung der Heizkreise verwendet, die bei europäischen Herstellern im Typenzeichen als ersten Buchstaben ein E enthalten. Röhren mit direkt geheizter Katode werden wegen fehlender galvanischer Trennung, solche mit Serienheizung (gleicher Heizstrom) wegen des Ausfalls aller Röhren bei Heizfadenbruch einer einzelnen nicht verwendet.

Der zweite bzw. auch dritte Buchstabe des Typenzeichens gibt die Art des bzw. der im Kolben befindlichen Elektrodensysteme an:

A	Diode,	E	Tetrode,
AA	Doppeldiode,	F	Pentode,
B	Doppeldiode in einer	H	Hexode, Heptode
	Verbundröhre mit min-		(4 bzw. 5 Gitter),
	destens einem weiteren	K	Oktode (6 Gitter),
	System,	L	Endpentode,
C	Triode,	Y	Einweggleichrichterröhre,
CC	Doppeltriode,	Z	Doppelweggleichrichterröhre.
D	Endtriode (Triode		
	großer Leistung),		

Die der Buchstabenfolge angehängten Ziffern stehen mit der Ausführungsform der Röhre in Verbindung; vorwiegend ist damit die Sockelart und Kolbenform gekennzeichnet.

Die für den technischen Einsatz bevorzugten Typen (Industrieröhren) werden mit Zeichen versehen, die sie von den Normalröhren mit eventuell gleichen technischen Daten unterscheiden. Die Zifferngruppe für technische Röhren ist dreistellig und weist an der zweiten Stelle eine 0 oder 6 auf. Dabei entspricht vergleichsweise der Typ EF 860 in den Daten der Normalröhre EF 80, eine ECC 865 der ECC 85, aber die EL 861 nicht der EL 81. Aus der eingeschobenen Zahl kann daher nicht generell auf die Übereinstimmung der Typen geschlossen werden. Zum Teil wird noch ein weiterer Buchstabe angehängt (ECC 802 S für ECC 82) oder die Ziffernfolge zwischen dem ersten und zweiten Buchstaben eingeschoben (E 88 CC für ECC 88).

In anderen Ländern (UdSSR, USA) werden Bezeichnungen angewendet, die nur noch zum Teil auf technische Daten schließen lassen: Zum Beispiel weist eine 6 L 6 mit der ersten Ziffer auf die Heizspannung 6,3 V hin.

Zur vereinfachten Lagerhaltung wird die Beschränkung auf wenige Röhrentypen angestrebt.

Unter den technischen Röhren interessieren in der Automatisierungstechnik vorzugsweise Langlebensdauerröhren, für die, gemittelt über 100 Röhren, eine Einhaltung der technischen Daten innerhalb vorgeschriebener, enger Grenzen über eine Betriebsdauer von 10 000 h garantiert wird, falls die angegebenen Toleranzen der Heizdaten und die Grenzdaten nicht überschritten werden. Eine absolute Garantie ist unmöglich, da unbemerkte Fertigungsfehler zum Ausfall der Röhre führen können. Der Mittelwertangabe über 100 Röhren wird daher die wahrscheinliche Ausfallrate für 1000 h in Prozent zugefügt. Normalröhren zeigen eine Ausfallrate von 3%, Langlebensdauertypen eine solche zwischen 0,1 bis 0,3%.

Langlebensdauerröhren werden außerdem mit Toleranzen der technischen Daten gefertigt, die gegenüber Normaltypen wesentlich eingeengt sind. Einige Typen sind besonders stoß- und vibrationsfest ausgeführt. Während Normalröhren bei langanhaltender Sperrung des Anodenstroms zur Bildung einer hochohmigen Zwischenschicht in der Katode neiden, die durch Herabsetzung der Emissionsfähigkeit zur Unbrauchbarkeit der Röhre führt, sind Langlebensdauerröhren mit zwischenschichtarmer oder -freier Oxidkatode bekannt.

In den technischen Daten werden Steilheitswerte von 14 mA/V bei Normalgitterausführung, von 80 mA/V bei Spanngittertechnik[1]) erreicht. Aus fertigungstechnischen Gründen unterliegen die technischen Daten innerhalb eines Typs gewissen Streuungen — bei Langlebensdauerröhren sind sie eingeengt —, so daß die vom Hersteller angegebenen Daten und Kennlinien einer Mittelwertbildung entsprechen. Als Ausgangsleistung erreicht man mit den in der Automatisierungstechnik brauchbaren Vakuumelektronenröhren je Röhre etwa 35 W. Durch Parallelschaltung mehrerer Röhren kann die Gesamtleistung erhöht werden. Bild 34a zeigt eine Zusammenstellung moderner Normal- und Langlebensdauerröhren in Glastechnik.

Nuvistoren. In jüngster Zeit ist eine neue Technik für die Herstellung von Spezialelektronenröhren angewendet worden, die sog. Metall-Keramik-Technik. Der Aufbau des Elektrodensystems (Bild 34b) unterscheidet sich wesentlich von dem im Abschn. 2.1.1. beschriebenen. Es ist zylindrisch aus-

---

[1]) Die Spanngittertechnik erlaubt eine sehr genaue Fixierung des geringen Abstands zwischen Gitter und Katode.

gebildet; jede Elektrode endet in einem konusförmigen Flansch als Halter,
der mit je drei der in eine Keramik-Sockelplatte eingelassenen Stützdrähte
hartverlötet ist. Je einer der Stützdrähte setzt sich als Sockelstift durch
die Keramikplatte fort. Der über das System gestülpte Metallkolben ist

a)   c)

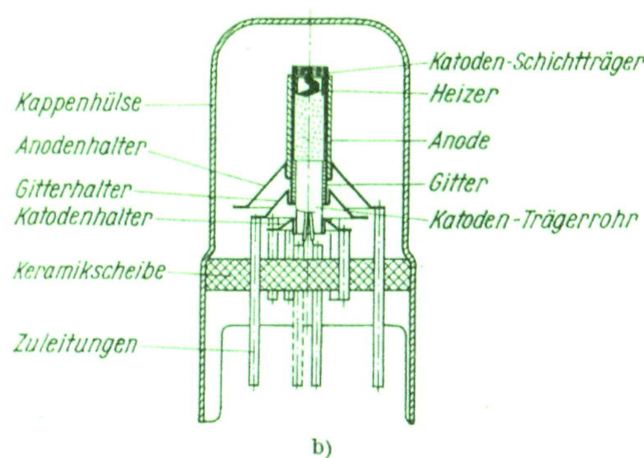

b)

Bild 34. Vakuumelektronenröhren
a) in Glastechnik; b), c) in Metall-Keramik-Technik (Aufbau und Ansicht eines Nuvistors)

über die Fassung mit dem Chassis metallisch verbunden. Damit erübrigt
sich eine Abschirmung der Röhre gegen Störspannungen. Für den Aufbau
des Gitters wird eine besondere Technik angewendet: Der feine Gitter-
draht wird auf Holme gewickelt und mit ihnen an den Kreuzungspunkten
verlötet. Die Ausbildung der Katode garantiert Zwischenschichtfreiheit.

Der Aufbau einer Vakuumelektronenröhre in Metall-Keramik-Technik
bringt eine Reihe wesentlicher mechanischer und elektrischer Vorteile:
hohe Stoßfestigkeit (bis zur 1000fachen Erdbeschleunigung), große Vibra-
tionsfestigkeit (bis 5 g), kleine Abmessungen des Kolbens ($^1/_{10}$ des Volumens
einer Röhre in Glastechnik), hohe thermische Beanspruchbarkeit (zulässige Umgebungstemperatur: —200 °C bis +350 °C), eine um 20%

verringerte Heizleistung, enge Toleranzen für die elektrischen Daten, extrem geringe Isolationsströme und hohe Grenzfrequenzen. Die kleine Bauweise erlaubt auch bei Steilheiten von 11 mA/V die Verwendung niedriger Betriebsspannungen von 40 V. Die erreichte Leerlaufverstärkung beträgt maximal 64. Neben universell anwendbaren Trioden sind auch normale Tetroden und Trioden für hohe Grenzfrequenzen erhältlich.

Nuvistoren werden als Langlebensdauerröhren, verbunden mit den für industrielle Röhren bereits genannten Eigenschaften, angeboten. Bild 34c zeigt die Ansicht eines Nuvistors.

Verstärkerröhren sind durch den Einsatz der Halbleitertechnik bei Neuentwicklungen im wesentlichen nur noch in Automatisierungsgeräten bestehender Anlagen vorzufinden. Sie werden nur dann für Neuentwicklungen verwendet, wenn sich damit eine mit Halbleiterbauelementen nicht realisierbare notwendige Eigenschaft verbindet. Diese Fälle sind selten; die Entwicklung des Feldeffekt-Transistors z. B. hat auch für hochohmige Eingangsschaltungen die Röhre überflüssig werden lassen. Auch Nuvistoren haben sich aus den gleichen Gründen nicht in dem erwarteten Maß durchgesetzt.

3.2. Gasgefüllte Röhren

3.2.1. *Stromtore*

Die Steuerung des Anodenstroms einer gasgefüllten Gleichrichterröhre (s. Abschn. 2.1.2.) kann ähnlich wie bei der Vakuumelektronenröhre durch ein Gitter übernommen werden, das zwischen Katode und Anode eingefügt wird. Eine derartige Anordnung wird Stromtor (auch Thyratron) genannt, wenn die Katode als Glühkatode ausgebildet ist. Ein Stromtor kann auch mehrere Steuergitter haben.

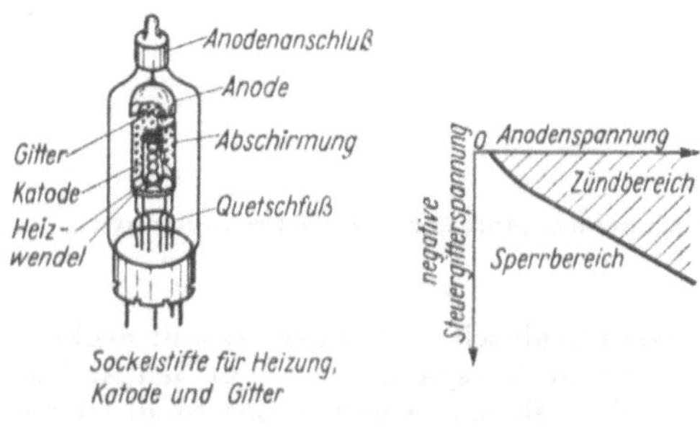

Bild 35. Stromtor
a) Aufbau; b) Kennlinie

Die Katode wird vorwiegend indirekt geheizt. Sie ist in Anbetracht hoher Anodenstromwerte großflächig ausgebildet und besteht aus einem Nickelblech, das die emissionsfähige Oxidschicht trägt (Bild 35a). Es sind Heizleistungen bis zu 100 W erforderlich. Ein perforierter Hohlzylinder mit einer perforierten Kappe als Gitter ist abschirmend um die Katode gelegt. Die Gitterkappe wird von der meist aus Graphit bestehenden Anodenkappe umhüllt. Während die Elektrodenzuführung für Heizung, Gitter und Katode durch den Sockel- und Quetschfuß erfolgt, wird mit Ausnahme der kleinsten Stromtortypen die Anodenspannung über eine metallische Kappe am Kopfende des Glaskolbens zur Anode geleitet. Die Anschlüsse im Sockel sind als Steckerstifte (auch gefedert) oder — bei größeren Stromtortypen — als bänderförmiges Kabel mit Kabelschuhen ausgeführt.

Stromtortypen der ČSSR sind mit Metall- statt Glaskolben ausgerüstet, daher stoßfester. Der Metallkolben ist mit dem Gitter verbunden, während die restlichen Anschlüsse als Glaseinschmelzungen ausgeführt sind.

Als Füllgas wird wie für gasgefüllte Gleichrichterröhren ein Edelgas oder Quecksilberdampf verwendet. Edelgasgefüllte Stromtore zeigen während längerer Betriebszeit eine Gasaufzehrung und werden dann unbrauchbar, andererseits ist der Gasdruck mit der Füllmenge festgelegt und relativ wenig temperaturabhängig. Eine beliebige Erhöhung der Füllmenge ist nicht möglich, da dann die Spannungsfestigkeit des Stromtors sinkt, ein Durchschlagen also nicht ausgeschlossen ist. Bei quecksilberdampfgefüllten Stromtoren dagegen wird aus dem im Kolben eingeschlossenen, stets vorhandenen flüssigen Quecksilber durch Verdampfen laufend Ersatz für die verbrauchten Gasmengen geliefert, jedoch ist hier der Gasdruck stark temperaturabhängig, so daß unterhalb $+10\ °\mathrm{C}$ die Zündung ausbleiben kann.

Eine sinnvolle Lösung stellt eine Füllung aus einem Edelgas-Quecksilberdampf-Gemisch dar. Das Edelgas sorgt für Ladungsträger bei niedrigen Temperaturen, bis infolge der Erwärmung des Stromtors das verdampfte Quecksilber diese Funktion übernimmt.

Während bei Vakuumelektronenröhren der Anodenstrom durch die Steuerspannung unmittelbar stetig verändert werden kann, hat das Gitter eines Stromtors die Fähigkeit, lediglich den Einsatz des Anodenstroms zu beeinflussen. Eine direkte Steuerfähigkeit des Gitters für die Größe des Anodenstroms besteht demnach nicht.

Die eingeschränkte Wirkung des Steuergitters eines Stromtors erklärt sich aus der Art des Stromdurchgangs in einer gasgefüllten Röhre (s. Abschn. 2.1.2.). Eine negative Steuerspannung kann die von der Anodenspannung auf die Elektronen ausgeübte Beschleunigung zwar mindern, jedoch gibt es zu jeder Steuerspannung eine bestimmte Anodenspannung, die trotz der Bremswirkung des Steuergitters die Beschleunigung der Elektronen bis zur Stoßionisation mit Gasatomen erreicht und den Zündvorgang einleitet, der uns bereits bei gasgefüllten Gleichrichterröhren bekannt wurde. Mit stärker negativer Steuerspannung steigt die zur Zündung erforderliche Anodenspannung. Bild 35b zeigt diesen Zusammenhang zwischen Anoden- und Steuerspannung als Kennlinie eines Stromtors, die die Trennlinie zwischen Sperr- und Zündbereich darstellt. Auch für die Steuerspannung Null ist analog der Gleichrichterröhre zur Zündung eine Mindestanodenspannung notwendig.

Mit erfolgter Zündung verliert das Steuergitter seinen Einfluß auf den Anodenstrom, also seine unmittelbare Steuerfähigkeit. Die Menge der durch Stoßionisation erzeugten Elektronen und Ionen reicht auch bei nachträglicher Verschiebung der Steuerspannung zu stärker negativen Werten aus, um unter dem Einfluß der Anodenspannung weitere Ladungsträger zu erzeugen und den Stromdurchgang aufrechtzuerhalten. Die Größe des

Anodenstroms hängt daher außer von der Anodenspannung nur vom Verbraucherwiderstand im Anodenkreis ab, da der Innenwiderstand der Anode-Katode-Strecke sehr klein ist. Die am Stromtor liegende Anodenspannung hat nach erfolgter Zündung den Wert der Brenn- (Bogen-) Spannung. Wegen der Aufhebung der Steuerfähigkeit des Gitters kann im Unterschied zur Vakuumelektronenröhre der Anodenstrom nur unterbrochen werden, indem die Anodenspannung unter den Wert der Brennspannung gesenkt wird und die Entladung erlischt. Daher verlangen Verstärkerschaltungen mit Stromtoren eine Wechselspannung als Stromversorgung im Anodenkreis und sind daher völlig anders ausgebildet. Mit der Wechselstromversorgung verbinden sich die Vorteile, daß hierfür praktisch unbegrenzte Leistungen aus dem Netz zur Verfügung stehen und eine Gleichrichtung einbegriffen ist.

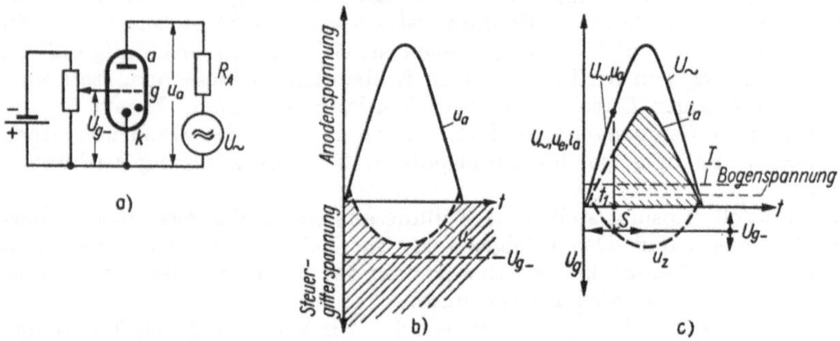

Bild 36. *Vertikalsteuerung eines Stromtors*
a) Schaltung; b), c) dynamische Kennlinie

Bild 36a zeigt eine einfache Schaltung zur Steuerung eines Stromtors. Die Anodenspannung u_a wird über den Verbraucher R_A einer Wechselspannungsquelle $U_\sim$ entnommen; im ungezündeten Zustand sind die Momentanwerte von u_a und $U_\sim$ betragsmäßig praktisch gleich. Der Zündeinsatzpunkt wird mit der Größe der negativen Steuergittergleichspannung U_{g-} verändert. Wir erläutern diesen Zusammenhang anhand der „dynamischen" Kennlinie nach Bild 36b. Hier ist die zeitliche Veränderung der Anodenwechselspannung u_a über einer Zeitachse t aufgetragen; unterhalb der Zeitachse sind in einer u_z-Kurve[1]) jene Werte der negativen Steuergitterspannung enthalten, für die das Stromtor — entsprechend der Zündkennlinie nach Bild 35b — beim zugehörigen Momentanwert von u_a zündet. Liegt demnach eine gewählte Steuergleichspannung U_{g-} im Gebiet unterhalb der u_z-Kurve, ist sie also stärker negativ als der Scheitelwert der Zündgitterspannung u_z, so ist bei vorgegebener Anodenwechselspannung u_a innerhalb der positiven Halbwelle eine Zündung ausgeschlossen. Ist jedoch die angelegte Steuergittergleichspannung U_{g-} betragsmäßig kleiner als der Maximalwert der Zündgitterspannung u_z, so setzt in der positiven Halbwelle die Zündung zu jenem Zeitpunkt t_1 ein, für den die Zündgitterspannung u_z den Wert der Steuergleichspannung U_{g-} erreicht (Schnitt-

---

[1]) Die Maßstäbe der u_z- und u_a-Kurve sind im Interesse der Deutlichkeit unterschiedlich gewählt.

punkt S der u_z-Kurve mit der U_{g-}-Geraden im Bild 36c). Nach dem Zündeinsatz bricht die anliegende Anodenspannung auf den Wert der Bogenspannung zusammen, während die Größe des Anodenstroms i_a für den Rest der positiven Halbwelle (Bereich schraffiert) durch den Momentanwert der Speisewechselspannung $U_\sim$ und die Größe des Verbrauchers R_A bestimmt ist. Am Verbraucher liegt die Differenz aus dem Momentanwert $U_\sim$ und der Bogenspannung.

Die Entladung erlischt noch innerhalb der positiven Halbwelle für einen Augenblickswert von $U_\sim$, der kleiner als die Bogenspannung ist. Während der negativen Halbwelle bleibt die Entladung aus, da bei dieser Polung (Katode positiv) die Elektronen an der Katode verbleiben. Die nächste Zündung setzt dann in der darauffolgenden positiven Halbwelle ein.

Der Anodenstrom ist also ein pulsierender Gleichstrom, dem ein zeitlicher Mittelwert I_- gleichkommt; diesen erhält man, anschaulich gesehen, durch Verteilung derjenigen Fläche auf den Zeitraum beider Halbwellen, die von der Anodenstromkurve i_a der positiven Halbwelle umschlossen wird (s. Abschn. 2.1.1., Bild 3b). Damit entspricht bei vorgegebenem Verbraucher einer bestimmten Steuergleichspannung U_{g-} ein fester Anodenstrommittelwert I_-.

Verändert man den Betrag der Steuergittergleichspannung U_{g-} bei gegebener Speisewechselspannung $U_\sim$, so verlagert sich der zeitliche Einsatzpunkt der Zündung (der Schnittpunkt S wandert zu einem anderen Zeitpunkt innerhalb der positiven Halbwelle); für schwächer negative Werte von U_{g-} als im Bild 36c angenommen setzt die Zündung früher, für stärker negative Werte später als zum Zeitpunkt t_1 ein. Somit vergrößert bzw. verkleinert sich die von der Anodenstromkurve i_a umschlossene Fläche, und entsprechend ist die Veränderung des Gleichstrommittelwertes I_-. Durch Veränderung der Gleichspannung U_{g-} am Steuergitter des Stromtors kann demnach der Anodenstrommittelwert nach seiner Größe gesteuert werden. Da sich hierbei, anschaulich gesprochen, die U_{g-}-Gerade parallel zur Zeitachse t aufwärts oder abwärts bewegt, nennt man diese Steuerung Vertikalsteuerung.

Der Aussteuerbereich eines Stromtors ist bei der Vertikalsteuerung dadurch begrenzt, daß die Zündzeitpunkte nur innerhalb der ersten Hälfte der positiven Halbwelle liegen können. Demnach ist der Gleichstrommittelwert nur zwischen dem halben und vollen Maximalwert zu steuern oder zu Null zu machen.

Eine Vertikalsteuerung mit größerem Steuerbereich ist die GW-Müller-Steuerung (Bild 37a), bei der einer veränderlichen Steuergleichspannung U_{g-} eine konstante Wechselspannung $U_{g\sim}$ überlagert wird, die gegenüber der Anodenspannung mit einem festen Betrag nacheilend phasenverschoben ist. Beide Steuergitterspannungen überlagern sich nach Betrag und Vorzeichen, so daß auf diese Weise noch Zündzeitpunkte (z. B. Zeitpunkte t_1 im Bild 37a) in der zweiten Hälfte der positiven Halbwelle möglich sind und der Anodenstrommittelwert durch U_{g-} zwischen einem Drittel des Maximalwerts und diesem selbst gesteuert werden kann.

Eine Verschiebung des Zündzeitpunkts kann nach Bild 37a offenbar auch bei festgehaltener Gittergleichspannung U_{g-} durch Verschiebung der Phasenlage der Wechselspannung $U_{g\sim}$ gegenüber der Anodenwechselspannung erfolgen. Anschaulich gesprochen, wird dabei die $U_{g\sim}$-Kurve längs der U_{g-}-Geraden horizontal verschoben. Man nennt diese Steuerung daher Horizontal- (auch Toulon-) Steuerung.

Die GW-Müller- und die Horizontalsteuerung haben den Nachteil, daß der Zündeinsatzpunkt im letzten Teil der positiven Halbwelle nur sehr ungenau festliegt. Dies erklärt sich daraus, daß für diesen Bereich Speise- und Steuerspannung gleichzeitig abnehmen und dadurch der Übergang aus dem Sperrbereich in den Zündbereich unter einem sehr spitzen Schnittwinkel erfolgt, d.h., Streuungen in der Zündspannung wirken sich stark auf die zeitliche Lage des Schnittpunkts und damit auf den Gleichstrommittelwert aus.

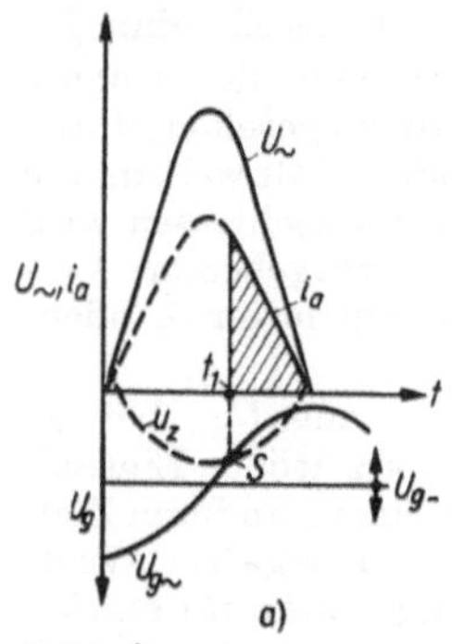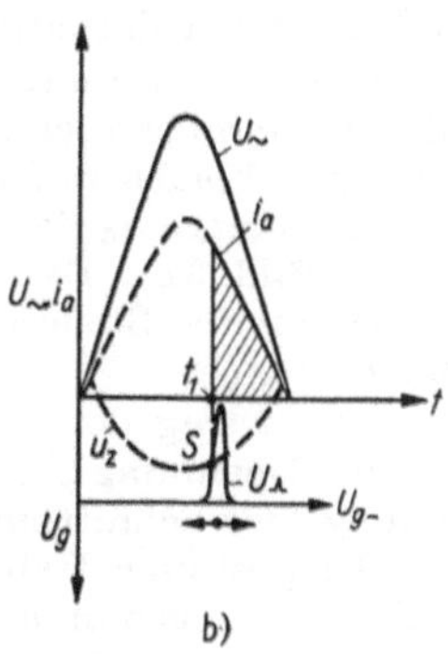

Bild 37

a) GW-Müller-Steuerung; b) Spitzen-Horizontal-Steuerung

Ersetzt man die der festen Steuergleichspannung überlagerte Wechselspannung durch eine periodisch auftretende impulsförmige Spannungsspitze U_Λ (s. Bild 37 b), so liegt der Zündeinsatz über den Bereich der vollen positiven Halbwelle sehr genau fest. Die Veränderung des Anodenstrommittelwerts geschieht bei dieser Art der Horizontalsteuerung durch Verschiebung der Phasenlage der Spannungsspitze.

Die einzelnen Typen von Stromtoren unterscheiden sich nach den zulässigen Grenzwerten für Anodenspeisespannung, Anodenspitzenstrom, Anodengleichstrommittelwert, nach den Heizdaten, dem zulässigen Bereich der Umgebungstemperatur entsprechend dem Füllgas, der Anheizzeit, der Zünd- und Bogenspannung und nach der Bauform sowie Sockelausführung.

Die Typenbezeichnung ist uneinheitlich. Beispielsweise ist eine Zusammenstellung aus Buchstaben und Zahlen gebräuchlich. Dem ersten Buchstaben S (für Stromtor) folgen die Zahlenangaben für die maximale Anodensperrspannung (in kV) und den maximalen Anodenstrom (in A); der sich anschließende zweite Buchstabe, i bzw. d, kennzeichnet die indirekte bzw. direkte Heizung. Die angehängte römische Ziffer bezeichnet das eingefüllte Edelgas; es bedeutet:

I Argon,	IV Krypton,
II Helium,	V Xenon,
III Wasserstoff,	VI Neon.

Fehlt die Ziffer, so handelt es sich um ein Stromtor mit Quecksilber-
dampffüllung. Der Buchstabe M anstelle der römischen Ziffer weist auf
eine Mischfüllung aus Quecksilberdampf und einem nicht näher angegebenen Edelgas hin.

Nach dieser Bezeichnungsart hat ein Stromtor S 1,3/0,5 iV indirekte
Heizung sowie Xenonfüllung und ist maximal für 1,3 kV Anodensperrspannung und 0,5 A Anodenstrom (Spitzenwert) verwendbar.

Quecksilberdampfgefüllte Stromtore sind nur für den engen Temperaturbereich von +15 bis +35 °C zugelassen; bei Mischfüllung erweitert sich
der Bereich etwa auf —35 bis +60 °C, während edelgasgefüllte Stromtore
durchschnittlich von —55 bis +70 °C verwendbar sind.

Stromtore werden bis 25 bzw. 40 kV Anodensperrspannung (Quecksilber-
dampf- bzw. Deuteriumfüllung), 5000 A Anodenspitzenstrom und 150
Dauer- bzw. 200 MW Spitzenleistung gefertigt. Die damit verbundenen
hohen Ströme, die über die Elektrodenanschlüsse dem Stromtor zugeführt
werden, erfordern saubere, sichere Kontakte. Insbesondere führt eine
Zunderbildung an den Heizungszuführungen zur Stromminderung, da der
Heizkreis eines Stromtors sehr niederohmig ist. Die Katode ist ebenfalls
in der Gestaltung mit besonderer Sorgfalt ausgeführt.

Als Toleranz der Heizspannung wird von den Herstellern ± 5% angegeben. Sie ist im Interesse der Lebensdauer des Stromtors unbedingt ein-
zuhalten. Gleiches gilt für die vorgeschriebene Anheizzeit bis zum Ein-
schalten der Anodenspannung, um die Katode bei Inbetriebnahme eines
Stromtorverstärkers ihre volle Emissionsfähigkeit erreichen zu lassen, ehe
eine Belastung einsetzt.

Der Einsatzbereich von Stromtorverstärkern beginnt etwa bei jener Ausgangsleistung, die durch Verstärker mit Vakuumelektronenröhren nicht
mehr bewältigt wird. An den Grenzen dieser Einsatzbereiche bevorzugt
man Stromtorverstärker, da ihr Wirkungsgrad wegen des niedrigen Innenwiderstands wesentlich höher liegt. In der Lebensdauer stehen Stromtore
allerdings den Langlebensdauerröhren nach. Stromtorverstärker dienen
beispielsweise zur Steuerung oder Regelung von Heizungs- und Beleuch-
tungsanlagen, zur Regelung der Drehzahl von Antriebsmotoren und zum
Aufbau geregelter Gleichstromquellen. Eine Ablösung der Stromtore durch
halbleitende Bauelemente (Thyristoren) ist innerhalb kürzerer Zeit, insbesondere für Typen geringer Leistung und kleiner Sperrspannung, zu
erwarten (s. Abschn. 3.4.), da diese Halbleiterbauelemente prinzipiell eine
größere Lebensdauer versprechen. Da die Steuerung von Thyristoren nach
ähnlichen Verfahren erfolgt wie die von Thyratrons, sind die vorstehenden
Schaltungen bewußt ausführlicher behandelt worden.

3.2.2. *Kaltkatodenröhren*

Eine Kaltkatodenröhre (auch Kaltkatodenstromtor oder Relaisröhre genannt) stellt eine Glimmentladungsröhre mit Hilfsanode (s. Abschn. 2.3.1.)
dar; die Steuerung der Hauptentladung zwischen Anode und Katode
wird durch die Zündung der Hilfsentladungsstrecke zwischen Hilfsanode
und Katode vorgenommen (Bild 38a).

Bild 38b stellt die Grenzlinie zwischen dem Sperr- und dem Zündbereich
einer Kaltkatodenröhre am Beispiel des Typs Z 5823 dar. Bei nichtgezün-
deter Hilfsstrecke (Hilfsspannung U_{ha} unter 80 V) ist die volle Zündspannung der Hauptstrecke aufzubringen, um ihre Entladung einzuleiten.
Da aber der Einsatz dieser Entladung durch die Hilfsstrecke gesteuert
werden soll, die Eigenzündung der Hauptstrecke also unerwünscht ist,
wird die Anodenspannung der Hauptstrecke für diesen Typ stets unter
250 V zu wählen sein. Überschreitet unter dieser Bedingung die Hilfs-
anodenspannung den Wert der Zündspannung (80 V), so zieht die Hilfsentladung durch Erzeugung von Ladungsträgern eine Zündspannungserniedrigung der Hauptstrecke und somit ihre Entladung nach sich. Die

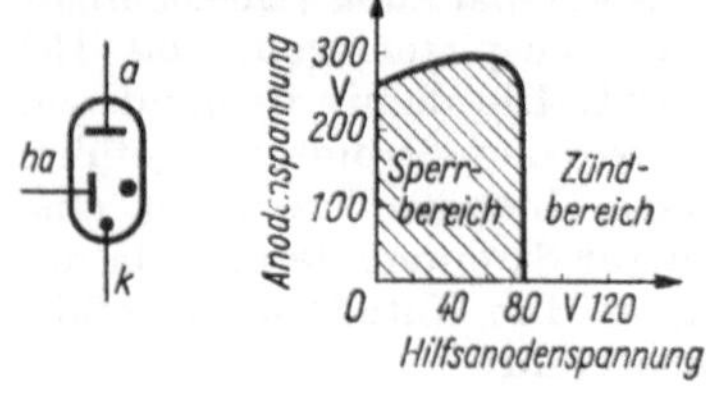

Bild 38. Kaltkatodenröhre
a) bisher gebräuchliches Schaltzeichen, b) Elektrodenanordnung und Kennlinie

Zündspannungserniedrigung der Hauptstrecke wird mit zunehmendem
Hilfsanodenstrom stärker; für hohe Hilfsanodenströme liegt diese Zündspannung nahe der Bogenspannung. Die Einstellung des gewünschten
Hilfsanodenstroms erfolgt durch einen Hochohmwiderstand in der Zulei-
tung der Hilfsanode. Die an Haupt- und Hilfsentladungsstrecke anliegen-
den Spannungen haben nach erfolgter Zündung den Wert der Bogenspannung, der für die Hauptstrecke der Z 5823 etwa 70 V für ihre Hilfsstrecke etwa 60 V beträgt. Die Größe des Anodenstroms hängt bei gegebener Anodenspannung vom Wert des Widerstands im Anodenkreis ab
und darf einen bestimmten Grenzwert (beim Typ Z 5823 25 mA Dauer-
stromwert, 100 mA Kurzzeitwert) nicht überschreiten.
Die Löschung der Entladung kann nur durch Senkung der Anodenspannung unter den Wert der Brennspannung erfolgen.
Die Zündspannungswerte einer Kaltkatodenröhre sind ebenso wie bei der
Stabilisatorröhre von der Beleuchtung abhängig (s. a. S. 27). Der Vorteil
dieses Bauelements im Vergleich zum Stromtor besteht in dem Fortfall
der Glühkatode, damit der Heizung und der durch sie verursachten Wärmeentwicklung. Im ungezündeten Zustand unterliegt das Kaltkatodenstromtor daher keinerlei Abnutzung.
Kaltkatodenröhren mit aktivierter Katode haben eine Brennspannung
von etwa 70 V, solche mit Reinmetallkatode einen Brennspannungswert
zwischen 100 und 120 V. Die Streuung des Zündspannungswerts ist bei
Typen mit Reinmetallkatode geringer als bei solchen mit aktivierter Katode. Zur Zündung der Hilfsstrecke spart man durch Wahl einer positiven
Vorspannung, etwa von 50 V bei Typen mit aktivierter bzw. von 80 bis
100 V bei solchen mit Reinmetallkatode, einen Teil der als Steuerspannung

60

erforderlichen Zündspannung ein. Es genügt eine Steuerleistung von etwa
1 mW, um die Zündung der Hauptstrecke einzuleiten. Der zulässige
Anodenstrom liegt in der Größenordnung von maximal 40 mA.
Kaltkatodenröhren sind auch als Leistungsschaltröhren bis zu 3000 A
Spitzenstrom bekannt. Allerdings liegt hier nicht mehr eine Glimm-, sondern eine Bogenentladung bei einer Bogenspannung von etwa 20 V vor.
Sie werden u. a. als Zwischenglied bei der Steuerung von Ignitrons verwendet (s. Abschn. 3.2.3.).
Kaltkatodenröhren werden vorwiegend zum Aufbau kontaktloser Relaisschaltungen eingesetzt. Damit nutzt man ihre Besonderheit, sich im ungezündeten Zustand nicht zu verbrauchen, im vollen Umfang aus und
erreicht innerhalb der Lebensdauer (bis zu 25 000 Brennstunden) eine hohe
Anzahl von Schaltspielen.

3.2.3. Gittergesteuerte Quecksilberdampfstromrichter

Gittergesteuerte Quecksilberdampfstromrichter sind in ihrer Wirkungsweise gasgefüllte Gleichrichter mit Quecksilberkatode, deren Anodenstrom
über ein eingefügtes Gitter steuerbar ist (s. Abschn. 2.1.2.). Sie sind zur
Verstärkung von Steuersignalen auf solche Ausgangsleistungen einsetzbar,
die mit Stromtoren (als gasgefüllte Gleichrichter mit Glühkatode und
Steuergitter) nicht mehr beherrscht werden können.

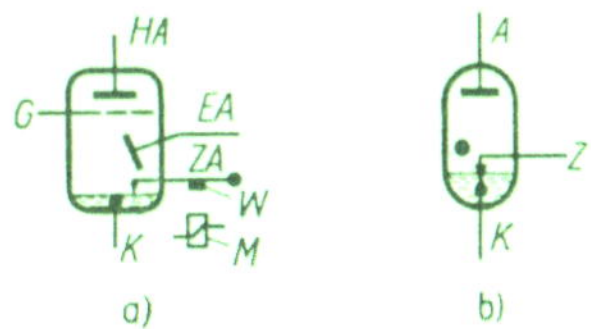

Bild 39. Elektrodenanordnung und Schaltzeichen
für a) gittergesteuerten Quecksilberdampfstromrichter; b) Ignitron

Die Zündung eines gittergesteuerten Quecksilberdampfstromrichters wird
bei Inbetriebnahme mit einer Zündanode ZA vorgenommen (Bild 39a).
Sie trägt einen Weicheisenkern W, der unter der Wirkung eines elektro-
magnetischen Feldes (M) ihr Eintauchen in die Quecksilberkatode K
bewirkt. Beim Zurückschnellen der Zündanode durch Abschalten des
Feldes führt die angelegte Spannung zur Bogenentladung zwischen Katode
und Zündanode. Diese Entladung wird von einer gleichspannungsversorg-
ten Erregeranode EA als ständige Entladung sofort übernommen, die
Spannungsversorgung der Zündanode aber gleichzeitig unterbrochen. Die
Aufgabe der Erregeranode wird teilweise auch auf zwei Erregeranoden
übertragen, die gegenphasig an Wechselspannung gelegt sind.
Bei der im Bereich des Brennflecks auf der Katode herrschenden Temperatur verdampft Quecksilber, damit erhöht sich der Gasdruck, und es
werden Elektronen emittiert. Damit stehen fortwährend Ladungsträger
und Gasteilchen zur Verfügung für eine Entladung der Hauptstrecke
Hauptanode (HA)—Katode (K), die über den Verbraucher aus einer Wechselspannungsquelle gespeist wird.

Die Steuerkennlinie eines gittergesteuerten Quecksilberdampfstromrichters
stimmt in ihrem charakteristischen Verlauf mit der eines Stromtors
überein (s. Bild 35b); der Unterschied besteht lediglich darin, daß die
Steuerung des Anodenstroms in der Hauptstrecke eines gittergesteuerten
Quecksilberdampfstromrichters wesentlich höhere Spannungsbeträge am
Steuergitter G erfordert. Es wird vorwiegend die Spitzensteuerung ange-
wendet, wobei für eine negative Gittervorspannung von etwa 200 V mit
Spannungsspitzen von 300 bis 400 V gezündet wird.

Der Kolben eines gittergesteuerten Quecksilberdampfstromrichters wird
für Sperrspannungen bis 4 kV und Anodenströme bis 500 A aus Glas hergestellt, wobei die Ausgangsleistung auf etwa 1 MW beschränkt ist. Stahlkolben werden für Leistungen bis 1,5 MW, Sperrspannungen bis 3 kV und
Anodenströme bis 1500 A gebaut. Die Kühlung eines Glaskolbens erfolgt
durch natürliche Lüftung, für größere Leistungen durch Ventilatorlüftung.
Stahlkolben sind mit einem Mantel zur Luft- oder Wasserkühlung ausgerüstet.

Für Mehrphasenbetrieb werden gittergesteuerte Quecksilberdampfstromrichter mit mehreren, meist drei oder sechs Hauptanoden und gleicher
Steuergitterzahl hergestellt; die übrige Elektrodenanordnung ist gegenüber der einanodigen Ausführung unverändert. Zur räumlichen Trennung
der Hauptentladungsstrecken wird für höhere Anodenspannungen jede
Anode mit zugehörigem Gitter in einem angewinkelten Glas- bzw. Stahlarm
untergebracht, um eine ungesteuerte Entladung einer Strecke durch
Eindringen von Ladungsträgern aus der benachbarten Strecke zu vermeiden. Die Erregeranoden und die Zündanoden sind über der Quecksilberkatode, die im Fußpunkt des Kolbens liegt, angeordnet.

Der Vorteil mehranodiger Anordnungen besteht in einer Raumersparnis;
allerdings sind Rückzündungen[1]) nicht ausgeschlossen, und bei Ausfall
einer Strecke ist der Austausch des ganzen Kolbens unvermeidlich. Eine
entsprechende Anzahl einanodiger Typen umgeht diese Nachteile und wird
deshalb trotz erhöhten Platzbedarfs vorzuziehen sein.

Entscheidende Bedeutung für die sichere Funktion eines gittergesteuerten
Quecksilberdampfstromrichters kommt der Kühlung zu. Sie hat für die
Einhaltung der günstigsten Betriebstemperatur im Kolbenraum zu sorgen.
Bei zu niedriger Betriebstemperatur, verursacht durch eine zu starke
Kühlung, ist der Dampfdruck des Quecksilbers ungenügend und somit
die sichere Zündung gefährdet. Mangelnde Kühlung führt zur Über-
höhung der Betriebstemperatur und des Quecksilberdampfdrucks und
kann zu unliebsamen Rückzündungen Anlaß geben. Gegebenenfalls wird
die Überwachung der Kühlung durch eine Regeleinrichtung abgelöst.

Sonderausführungen des gittergesteuerten Quecksilberstromrichters sind
das Ignitron, Excitron und Senditron.

In einem Ignitron ist sowohl die Zünd- und Hilfsentladungseinrichtung
mit Zünd- und Erregeranode als auch das Gitter insgesamt durch einen
Zündstift ersetzt (s. Bild 39b). Über den Zündstift wird eine Zündung der
Hauptstrecke in jeder positiven Halbwelle der Anodenwechselspannung

---

[1]) Bei einer Rückzündung erfolgt eine Entladung einer Hauptstrecke in umgekehrter Richtung,
von der Anode zur Katode, während der Sperrhalbwelle; sie wird durch das Eindringen von
Ladungsträgern aus der benachbarten, gezündeten Hauptstrecke in die rückzündende Strecke
verursacht und ist für die Elektroden, eventuell auch für den Verbraucher schädlich.

62

zu einem gewünschten Zeitpunkt exakt eingeleitet. Der Zündstift besteht vorwiegend aus halbleitendem Silizium- oder Borkabid und ragt mit seinem kegelförmigen Ende in die Quecksilberkatode K. Eine angelegte Zündsteuerspannung führt zu einem Lichtbogen zwischen Katode und Zündstiftoberfläche. Da ein Steuergitter im Ignitron fehlt, wird die Hauptstrecke mitgezündet.

Der Zündimpuls kann nach der Schaltung von Bild 40a über eine Vakuumelektronenröhre auf den Zündstift gegeben werden. Die Zündleistung wird selbsttätig durch den Innenwiderstand der Pentode begrenzt. Im

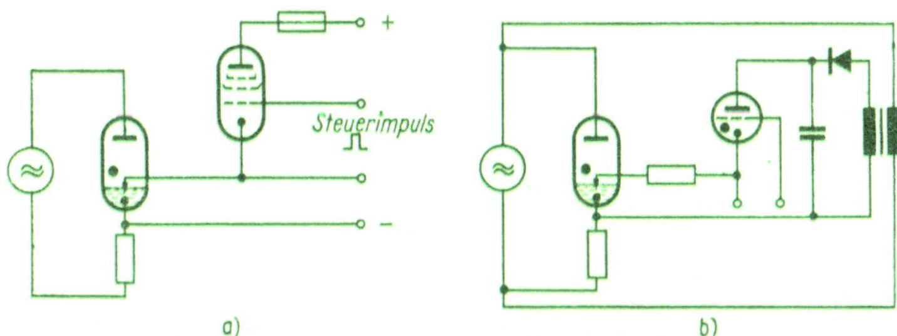

Bild 40. Ignitron-Zündsteuerschaltung
a) Vakuumelektronenröhre; b) Ladekondensator und Stromtor

Bild 40b entnimmt man einem in der Sperrhalbwelle aufgeladenen Kondensator für die Zündung eines Stromtors den erforderlichen, zur Schonung des Stromtors leistungsbegrenzten Steuerimpuls und führt ihn, durch das Stromtor verstärkt, dem Zündstift zu. Auch Leistungsschaltröhren (s. Abschn. 3.2.2.) werden zur Zündstiftsteuerung herangezogen. Eine derart hohe Leistung für den Zündimpuls, die bis zu **4 kW** betragen kann, ist bei den vorwiegend gebräuchlichen niederohmigen Zündstiften erforderlich. Für hochohmige Zündstifte, die auch einem geringeren Abbrand unterliegen, reichen Schaltungen mit Vakuumelektronenröhren kleiner Leistung im Zündstiftkreis aus.

Der erforderliche Zündspannungswert liegt zwischen 100 und 150 V; der Zündstrom kann für niederohmige Stifte bis 40 A betragen. Da jedoch die Zündzeit in der Größenordnung einer tausendstel Sekunde liegt, ist die aufzubringende elektrische Arbeit äußerst gering. Die Bogenspannung eines Ignitrons liegt zwischen 15 und 20 V.

Kleinere Ignitrons sind mit Glaskolben, größere als wassergekühltes Stahlgefäß ausgeführt. Zur erhöhten Kühlung der Anode ist diese als gerippter Graphitkörper ausgebildet. Es sind sowohl ein- als auch mehranodige Ausführungen gebräuchlich. Über die Vor- und Nachteile beider gilt das für gewöhnliche gittergesteuerte Quecksilberdampfstromrichter Gesagte. Der Vorteil des Ignitrons liegt in seiner gedrungenen Bauform.

Ignitrons erreichen angenähert die Lebensdauer gewöhnlicher gittergesteuerter Quecksilberdampfstromrichter, haben sich aber insbesondere wegen der Anfälligkeit des Zündstifts gegenüber Abbrand als nicht so betriebssicher erwiesen. Der Vorteil eines Ignitrons, kurzzeitig ohne

Schaden überlastet zu werden, hat ihm das Gebiet der Steuerung von Strömen zur Elektroschweißung erschlossen.

Das Excitron ist ein Zwischentyp von Ignitron und gittergesteuertem Quecksilberdampfstromrichter; die erstmalige Zündung wird mit einem Zündstift eingeleitet, während die Dauerhilfsentladung auf eine Hilfsanode übergeht.

Das Senditron ist ein Ignitron mit einem isolierten Zündstift, der in die Quecksilberkatode eintaucht. Die Zündung erfolgt über einen kapazitiven Impuls.

3.3. Transistoren

Die Entwicklung der Transistortechnik in jüngster Zeit ist durch die Berücksichtigung der Belange gekennzeichnet, die für den Einsatz dieser Bauelemente u. a. auf dem Gebiet der Automatisierungsmittel gestellt waren. Wurden anfangs Automatisierungsmittel mit Halbleiterbauelementen der Unterhaltungselektronik, vorwiegend in Germaniumtechnik, entwickelt und manche negative Erfahrung hinsichtlich der Leistungsfähigkeit und Betriebssicherheit gemacht, so sind im Lauf der Zeit sowohl vom Hersteller als auch vom Anwender Voraussetzungen geschaffen worden, die dieses Stadium überwinden halfen und dazu geführt haben, daß sich heutzutage die Anwendung von Halbleiterbauelementen, insbesondere Transistoren und Dioden, in voller Breite durchgesetzt hat.

Von den Herstellern wurden beträchtliche Fortschritte in der Bereitstellung eines umfangreichen Sortiments von Transistoren hoher Lebensdauer mit Merkmalen gemacht, die die spezifischen Belange bei technischen Anwendungen auch für Automatisierungsmittel erfüllen. Die hauptsächlichen Merkmale sind: Erweiterung des Bereichs der zulässigen Umgebungstemperatur durch Silizium-Halbleiterbauelemente; Sicherung einer geringen Alterung der Bauelementeneigenschaften durch Verwendung der Planartechnik.

Nach Funktion, Aufbau und Eigenschaften sind grundsätzlich zwei Gruppen von Transistoren zu unterscheiden: Flächentransistoren und Feldeffekttransistoren (Spitzentransistoren als historisch erste Ausführung des Transistors sind nicht mehr gebräuchlich).

3.3.1. *Flächentransistoren*

Ein Flächentransistor besteht aus einem Halbleiterplättchen, in dem drei hintereinanderliegende Zonen nach der Leitfähigkeitsfolge pnp oder npn erzeugt worden sind, so daß sich die Gegeneinanderschaltung zweier pn-Übergänge (s. Abschn. 2.1.3.) ergibt. Demnach unterscheidet man pnp- und npn-Flächentransistoren (Bild 41). Jede Leitfähigkeitszone ist kontaktiert; die beiden äußeren werden Emitter und Kollektor, die innere, sehr dünne Zone wird Basis genannt. Beide Arten des Flächentransistors unterscheiden sich nicht in ihrer Wirkungsweise; es bestehen lediglich Schaltungsunterschiede, auf die bei der Behandlung des pnp-Transistors hingewiesen wird.

Bild 41a zeigt die Prinzipschaltung eines pnp-Transistors; alle Spannungen sind auf den Emitter bezogen (Emitterschaltung). Die gewählte

Polung der Basisspannung U_{BE} betreibt 'den pn-Übergang zwischen Emitter und Basis in Durchlaßrichtung, während jener zwischen Basis und Kollektor durch die größere Kollektorspannung U_{CE} in Sperrichtung belastet wird.

Unter dem Einfluß der Basisspannung werden Löcher aus dem Emitter zur Basis gezogen. Dem Löcherstrom entspricht ein entgegengesetzt fließender Elektronenstrom aus der Basis zum Emitter, für den die Elektronen

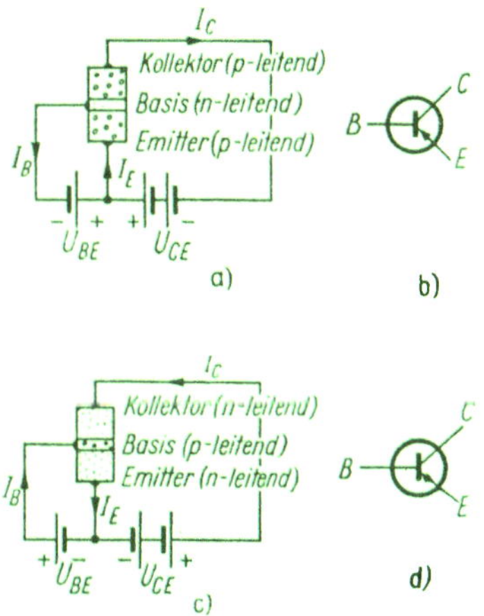

Bild 41

a) Aufbau und Schaltung; b) Schaltzeichen eines pnp-Flächentransistors; c) Aufbau und Schaltung; d) Schaltzeichen eines npn-Flächentransistors, Schaltzeichen nach TGL 16 016

nur zu einem kleineren Teil aus der Basisspannungsquelle U_{BE} geliefert werden. Infolge der im Vergleich zu U_{BE} groß gewählten Kollektorspannung und der geringen Schichtdicke der Basiszone wird ein Großteil der vom Emitter zur Basis fließenden Löcher in die unmittelbare Nähe des pn-Übergangs zwischen Basis und Kollektor und durch diesen hindurch entgegen der Sperrwirkung zum Kollektor gezogen. Diesem größeren Löcherstromanteil entspricht ein Elektronenstrom aus der Kollektorspannungsquelle U_{CE} über den Kollektor in die Basis hinein, der größer ist als der aus U_{BE} gelieferte.

Der in die Basis hineinfließende Emitterstrom I_E (Löcherstrom) teilt sich demnach in den kleineren Teil Basisstrom I_B und den größeren Teil Kollektorstrom I_C. Da die Löcherstromrichtung mit der konventionell festgelegten Stromrichtung übereinstimmt und festgelegt wurde, die in den Transistor hineinfließenden Ströme positiv, herausfließende Ströme negativ zu kennzeichnen, ist der Emitterstrom eines pnp-Transistors positiv, der Basis- und der Kollektorstrom negativ anzusetzen. Das negative Vorzeichen wird entweder dem Stromzeichen oder seinem Zahlenwert, also $-I_B = 0{,}3$ mA oder $I_B = -0{,}3$ mA, zugeordnet. Gleiches gilt für die auf den Emitter bezogenen Spannungen: Kollektor- und Basisspannung eines pnp-Transistors tragen negatives Vorzeichen.

Für einen npn-Transistor sind wegen der umgekehrten Leitfähigkeitsfolge die angelegten Spannungen U_{BE} und U_{CE} umzupolen, um den pn-Übergang vom Emitter zur Basis in Durchlaßrichtung, diejenigen von der Basis zum Kollektor in Sperrichtung zu betreiben (s. Bild 41 c). Die Größen U_{CE}, U_{BE}, I_B und I_C sind daher positiv, I_E ist negativ zu rechnen.

Diese Vorzeichenfestlegung beeinflußte die Schaltzeichen für Transistoren (s. Bild 41 b und d); für einen pnp-Transistor weist der Emitterstrompfeil zur Basis hin, beim npn-Transistor von der Basis hinweg.

Wir halten zunächst fest: Basis- und Kollektorspannung haben gegen den Emitter gleiche Polung. Das Gebiet positiver Basisspannung ist für Verstärkerschaltungen mit einem pnp-Transistor uninteressant, da hierbei der Emitterstrom durch die Sperrwirkung des pn-Übergangs zwischen Emitter und Basis sehr klein ist; ein inverser Betrieb des Transistors in diesem Gebiet wird nur bei der Modulation sehr kleiner Gleichspannungen angewendet (Zerhacker).

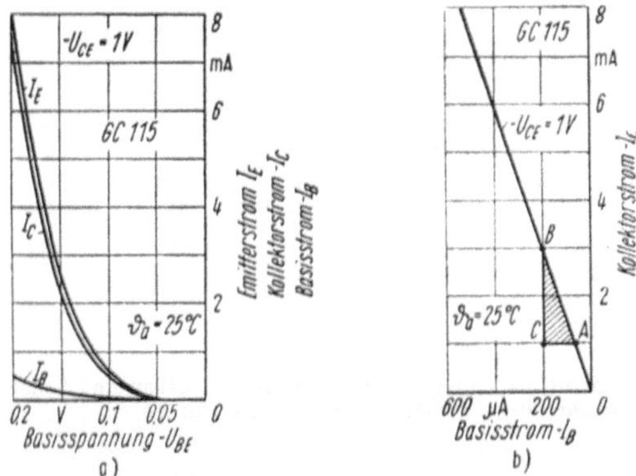

Bild 42. pnp-Germanium-Flächentransistor Typ GC 115
a) I_E- U_{BE}-, I_C- U_{BE}- und I_B- U_{BE}-Kennlinie; b) I_C- I_B-Kennlinie

Bei festgehaltener Kollektorspannung steigt der Emitterstrom mit zunehmend stärker negativer Basisspannung rasch an; Gleiches gilt für Basis- und Kollektorstrom. Diesen Zusammenhang zeigt Bild 42a am Beispiel des pnp-Transistors GC 115. Das Teilerverhältnis zwischen Basis- und Kollektorstrom ist nahezu konstant und unabhängig von der Basisspannung (s. Bild 42b). Aber nicht nur jedem Emitterstromwert entspricht die Aufteilung in den kleineren Basis- und den größeren Kollektorstrom, sondern diese Aufteilung gilt auch für Änderungen des Emitterstroms. Steuert man also durch die Basisspannung den Emitterstrom, so sind kleine Basisstromänderungen von großen Kollektorstromänderungen begleitet. Zwischen Basis- und Kollektorstromänderungen besteht demnach eine Verstärkung, die Kurzschluß-Stromverstärkung, die für einen Kollektorstromkreis ohne Verbraucherwiderstand gilt. Die Kurzschlußstromverstärkung, eine wesentliche Kenngröße des Transistors, liest man aus der I_C- I_B-Kennlinie im Bild 42b als das Verhältnis der Dreiecksseite $BC = 2\,\text{mA}$ zur Seite $AC = 0{,}14\,\text{mA}$ ab, ist also gleich der Steilheit dieser Kennlinie und beträgt hier 14,3.

66

Die Steuerung des Kollektorstroms durch die Basisspannung ist von einem Basisstrom begleitet. Ein Transistor hat demnach einen nicht zu vernachlässigenden Eingangsleitwert.

Vergleicht man Transistor und Vakuumelektronenröhre, so entspricht der Emitter der Katode, die Basis dem Gitter und der Kollektor der Anode. Der brauchbare Aussteuerbereich des Transistors liegt in einem Gebiet der Basisspannung, dem der Bereich positiver Gitterspannung entspricht. Daher ist die Aussteuerung im Basiskreis vergleichsweise zum Gitterkreis mit einem merkbaren Leistungsaufwand verbunden.

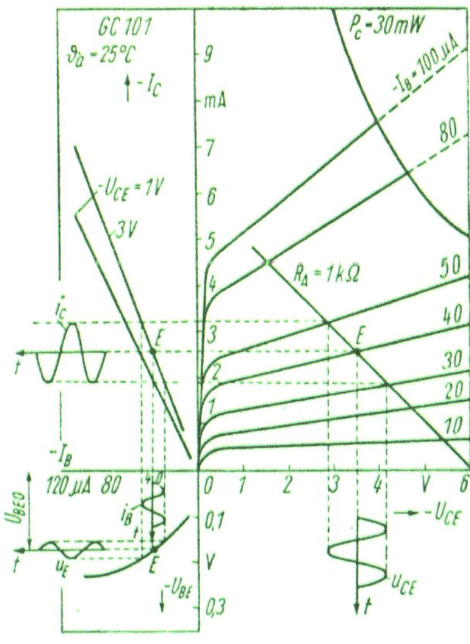

Bild 43. *pnp-Germanium-Flächentransistor GC 101*
Kennlinienfelder mit Aussteuerungsbeispiel

Die Kennlinien eines Transistors werden vom Hersteller in der Quadrantendarstellung wiedergegeben (Bild 43). Da die Steuerung des Kollektorstroms primär durch den Basisstrom, nicht durch die Basisspannung erfolgt, wird das I_C-U_{CE}-Kennlinienfeld fast ausschließlich für den Basisstrom als Parameter dargestellt. Auffällig ist die relativ geringe Abhängigkeit des Kollektorstroms von der Kollektorspannung. Ein Flächentransistor weist also Pentodencharakter auf. Dies erklärt sich aus dem Tatbestand, daß der Emitterstrom primär durch den Basisstrom erzeugt wird und der Kollektorspannung nur die Aufgabe zufällt, den größten Teil des Emitterstroms als Kollektorstrom aus der Basis abzusaugen. Der Pentodencharakter eines Transistors bedeutet allerdings nicht, daß die mit ihm erreichbare Verstärkung allein von der Kurzschluß-Stromverstärkung abhängt. Infolge des merklichen Basisstroms erfolgt stets eine zu berücksichtigende Teilung der Steuerspannung zwischen dem Innenwiderstand der steuernden Quelle und dem Basiseingangswiderstand.

Analog zur Vakuumelektronenröhre erläutern wir die einfachste Schaltung einer Transistorverstärkerstufe (Bild 44) und die zugehörigen Aussteuerverhältnisse im I_C-I_{CE}-Kennlinienfeld (s. Bild 43).

Zur Einstellung eines Arbeitspunkts, um den die Aussteuerung erfolgt, wird eine Basisvorspannung U_{BE0} gewählt (s. Bild 44). Da die Polung von Kollektor- und Basisspannung übereinstimmt, kann U_{BE0} über einen Spannungsteiler mit den Widerständen R_1 und R_2 aus der Speisespannungsquelle U_b des Kollektorkreises als Teilspannung gewonnen werden. Für

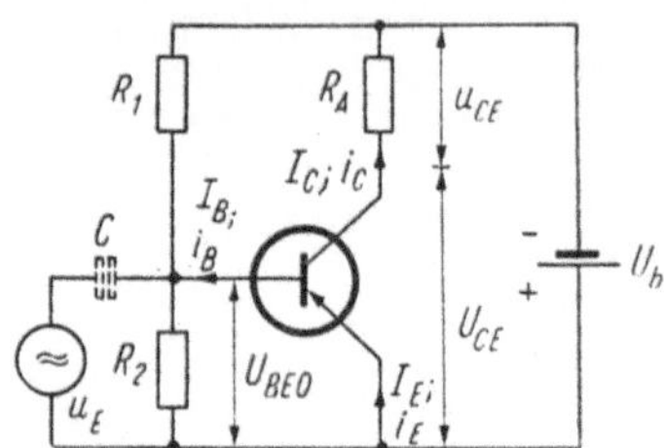

Bild 44. *Verstärkerschaltung für pnp-Flächentransistor (Emitterschaltung)*

die Auslegung dieses Spannungsteilers ist zu beachten, daß parallel zu R_2 der Eingangswiderstand des Transistors und — falls nicht die steuernde Wechselspannungsquelle u_E in sich eine galvanische Trennung zum Basiskreis aufweist oder durch den Kondensator C getrennt ist — der Innenwiderstand von u_E liegen. Der Gleichspannungsabfall am Verbraucher R_A im Kollektorkreis, der die Kollektorgleichspannung U_{CE} kleiner als die Speisespannung U_b sein läßt, bringt wegen des Pentodencharakters des Transistors keinen Unterschied zwischen den Kurzschluß- und Arbeitskennlinien. Dies zeigt auch der geringe Unterschied der I_B-I_C-Kennlinien für $-U_{CE} = 1$ V und 3 V hinsichtlich ihrer Neigung (s. Bild 43).

Der Arbeitspunkt E sei beispielsweise durch $-I_B = 40$ µA, $U_b = 6$ V und $R_A = 1$ kΩ festgelegt. Dann läßt sich wie bei einer Vakuumelektronenröhre (s. Abschn. 3.1.) die Widerstandsgerade R_A im I_C-U_{CE}-Kennlinienfeld eintragen. Der Arbeitspunkt E mit $-U_{CE} = 3,5$ V, $-I_C = 3,25$ mA und $-I_B = 40$ µA ist für eine gleichmäßige Aussteuerung geeignet. Wir finden ihn im I_C-I_B- und I_B-U_{BE}-Kennlinienfeld wieder und haben zur Erzeugung des Basisvorstroms $-I_B = 40$ µA im Arbeitspunkt $-U_{BE} = 0,17$ V zu wählen (die I_B-U_{BE}-Kennlinien für $-U_{CE} = 1$ V und 3,5 V fallen praktisch zusammen). Die Aussteuerung der Transistorstufe mit einer Wechselspannung u_E um den Arbeitspunkt E und die sich ergebenden Kurven für den Basiswechselstrom i_B, den Kollektorwechselstrom i_C und die Kollektorwechselspannung u_{CE} sind im Bild 43 angedeutet; man erhält sie durch punktweise Konstruktion über die Kennlinien. Die gewählte Steuerwechselspannung $u_E = 0,02$ V (Spitzenwert) ergibt die ablesbaren Spitzenwerte $i_B = 10$ µA, $i_C = 0,65$ mA und $u_C = 0,65$ V. Damit ist die Stromverstärkung $i_C/i_B = 65$, die Spannungsverstärkung $u_{CE}/u_E = i_C R_A/u_E = 32,5$. Die nicht dargestellte Verzerrung der Kurven für i_C und u_{CE} wird dadurch verursacht, daß der Kollektorstrom nicht völlig unabhängig von der Kollektorspannung ist und ein nichtlinearer

Zusammenhang zwischen Steuerspannung und Steuerstrom besteht; die Abweichung ist um so geringer, je kleiner die Aussteuerung ist.

Entsprechend den Verhältnissen bei Schaltungen mit Vakuumelektronenröhren kann in der Transistorstufe im Bild 44 der Verbraucher R_A über einen Übertrager angeschlossen werden, um für eine galvanische Trennung zu sorgen. Gleichzeitig ist eine Transformation des Verbraucherwiderstands gegeben (s. Abschn. 3.1. und Bild 30a).

Auch am Eingang der Transistor-Verstärkerstufe kann eine Anpassung zwischen dem Innenwiderstand der steuernden Spannungsquelle u_E und dem Eingangswiderstand der Transistorstufe durch eine transformatorische Kopplung erfolgen.

Die im Bild 44 dargestellte Verstärkerstufe zeigt einen Transistor in Emitterschaltung, d. h., alle Spannungen (Betriebs-, Eingangs- und Ausgangsspannungen) sind auf den Emitter bezogen. Diese Schaltung entspricht der Katodenbasisschaltung der Elektronenröhre. Sie ist durch mittlere Werte für den Ein- und den Ausgangswiderstand sowie durch

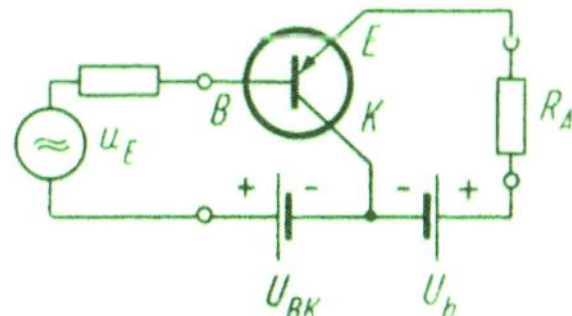

Bild 45

Verstärkerschaltung für pnp-Flächentransistor
(Kollektorschaltung)

eine große Strom- und Leistungsverstärkung gekennzeichnet. Bild 45 zeigt eine Transistorstufe in Kollektorschaltung, die der Anodenbasisschaltung einer Elektronenröhrenstufe entspricht; sie wird angewendet, wenn ein großer Eingangswiderstand, ein kleiner Ausgangswiderstand und eine große Stromverstärkung erwünscht sind.

Die Kennlinien eines Transistors enthalten Vereinfachungen. Die Herstellung von Halbleitermaterial und die Erzeugung der pn-Übergänge unterliegen Fertigungsstreuungen, so daß die Herstellerangaben Mittelwerte darstellen. Die Kennlinien werden durch Kenndaten ergänzt. Sie stellen ebenfalls Mittelwerte dar. Beispielsweise werden für die Emitterschaltung angegeben: der Kurzschluß-Eingangswiderstand h_{11e} (Ausgang kurzgeschlossen), die Spannungsrückwirkung h_{12e} vom Ausgang auf den offenen Eingang (Basisstrom $i_B = 0$), der Kurzschluß-Stromverstärkungsfaktor h_{21e} (Ausgang kurzgeschlossen) und der Leerlauf-Ausgangsleitwert h_{22e} (Eingang offen). Diese Parameter kennzeichnen vollständig das Verhalten einer Transistorstufe als Vierpol. Die Streuung der Kennwerte wird durch eine Sortierung der Transistoren eines Typs in Gruppen nach dem wichtigsten Kennwert, der Kurzschlußstromverstärkung h_{21e} berücksichtigt. Außerdem werden die Abhängigkeiten dieser Kennwerte von wesentlichen Größen, wie dem Arbeitspunkt, der Steuerfrequenz und der Temperatur, in Kurven angegeben.

Die angegebenen Kennlinien und Kenndaten sind temperaturabhängig; die Angabe erfolgt vorwiegend für eine Umgebungstemperatur von ϑ_a = 25 °C. Infolge der im Transistor beim Betrieb umgesetzten Leistung P_C, die fast vollständig an der Basis-Kollektor-Strecke entsteht, nimmt der Halbleiterkristall an der Sperrschicht eine höhere Temperatur ϑ_j an. Die Temperaturdifferenz wird durch den Wärmewiderstand zwischen Sperrschicht und Gehäuse ($R_{th\,i}$) sowie Gehäuse und Umgebung ($R_{th\,e}$) beeinflußt. Während die Wärmeableitung aus der Sperrschichtzone zum Gehäuse durch den Aufbau des Transistors bestimmt ist (da der Hauptanteil der Wärmeleistung an der Basis-Kollektor-Sperrschicht entsteht, wird daher für Leistungstransistoren der Kollektor mit dem Gehäuse leitend verbunden), ist der Wärmewiderstand zwischen Gehäuse und Umgebung von der Wahl der Kühlmaßnahme (Kühlbleche bzw. Kühlschellen verschiedener Oberflächen und Materialien) abhängig. Diese Wärmewiderstände wirken additiv und begrenzen die maximal zugelassene Kollektorverlustleistung $P_{C\,max}$ in Abhängigkeit von der Kühlmaßnahme und der Umgebungstemperatur ϑ_a auf den Wert

$$P_{C\,max} = \frac{\vartheta_j - \vartheta_a}{R_{th\,i} + R_{th\,e}}\;;$$

$$R_{th\,i};\,R_{th\,e}\,\text{in}\;\frac{\text{grd}}{\text{mW}}\;\text{oder}\;\frac{\text{grd}}{\text{W}}\,.$$

Entsprechende Kurven über die Abhängigkeit der maximalen Kollektorverlustleistung von der Umgebungstemperatur für verschiedene Kühlmaßnahmen werden vom Hersteller angegeben (Bild 46). Dabei ist für

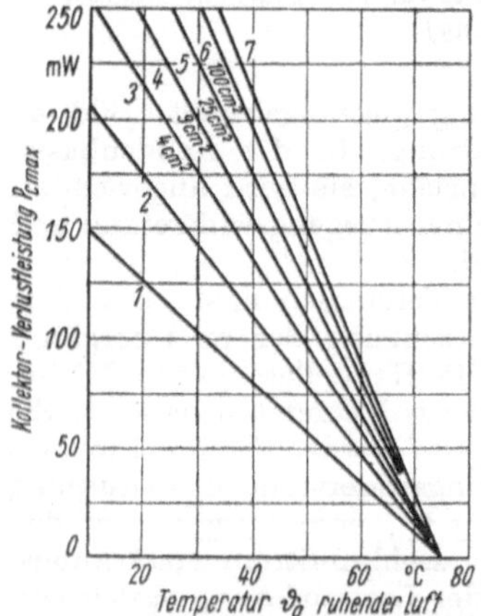

Bild 46. *Abhängigkeit der maximal zulässigen Verlustleistung* P_C *max von der Temperatur* ϑ_a *der ruhenden Umgebungsluft bei verschiedenen Kühlmaßnahmen (Transistor GC 115)*

1 Transistor frei tragend; 2 Transistor mit vorgesehener Kühlschelle; 3, 4, 5, 6 Transistor mit ungeschwärzten Aluminium-Kühlflächen (2 mm Dicke) angegebener Fläche bei vertikaler Montage; 7 Transistor bei idealer Wärmeableitung ($R_{the} \approx 0$)

Germaniumtransistoren eine maximale Sperrschichttemperatur von $\vartheta_{j\,max} \approx 75\ °C$ und für Siliziumtransistoren eine solche von $150\ °C$ zugelassen. Eine Überschreitung der zugelassenen Grenzleistung führt zur raschen thermischen Zerstörung des kollektorseitigen pn-Übergangs.

Der Abhängigkeit der Transistorkenndaten von der Temperatur wird
schaltungstechnisch durch Gegenkopplungs- und Kompensationsmaß-
nahmen begegnet, beispielsweise durch temperaturabhängige Widerstände
(Thermistoren; s. Abschn. 2.2.1.) im Basisspannungsteiler oder durch
Gegenkopplung im Emitterstromkreis mittels eines geeignet dimensionier-
ten Widerstands. Alle Maßnahmen zielen auf eine Stabilisierung des gewählten Arbeitspunkts ab.
Eine weitere unerwünschte Folge von Temperaturänderungen an der
Sperrschicht, verursacht durch erhöhte Verlustleistung und/oder erhöhte Umgebungstemperatur, ist die Änderung des Kollektorreststroms,
der vom Kollektor zur Basis als Strom der Minoritätsträger fließt. Er ver-
schiebt merklich den gewählten Arbeitspunkt. Die prozentuale Änderung
ist für Germanium und Silizium gleich, jedoch sind Siliziumtransistoren

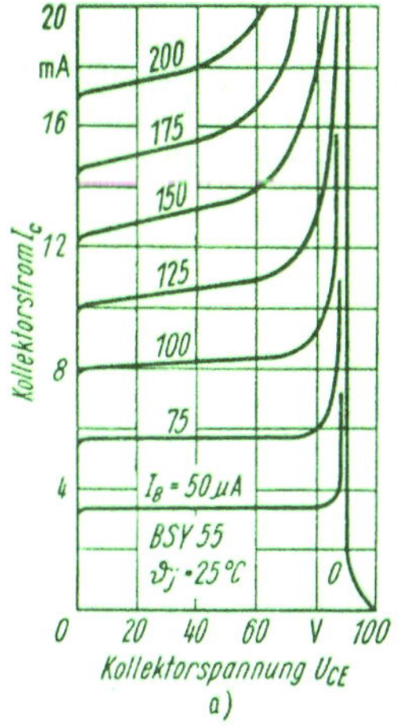

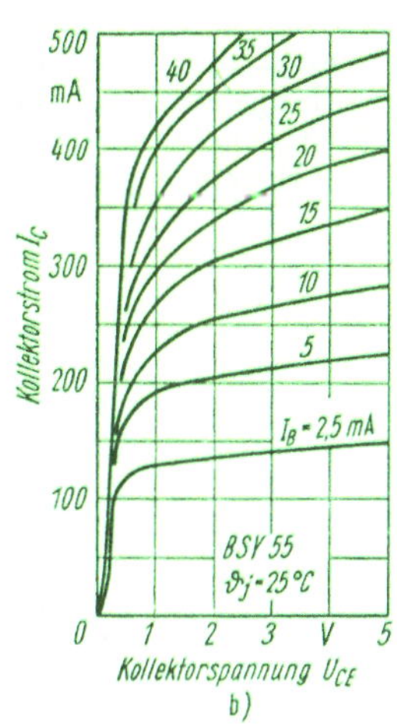

*Bild 47. I_C; U_{CE}-Kennlinien eines npn-Siliziumtransistors
(Typ BSY 55, Fa. Intermetall)*
a) für kleine Aussteuerungen; b) für große Aussteuerungen

durch den Vorteil gekennzeichnet, daß der absolute Wert des Kollektorreststroms wesentlich kleiner als bei Germanium ist. Für Siliziumtransistoren ist außerdem zu beachten, daß ein merklicher Basisstrom erst bei
wesentlich höheren Werten für die Basisspannung fließt, d. h., der Eingangswiderstand des Siliziumtransistors ist statisch und dynamisch größer
als für den Germaniumtransistor (Bild 47a). Für das Kennlinienfeld ist es
außerdem üblich, neben dem Bereich kleiner Aussteuerungen auch den
großer Basissteuerströme darzustellen (s. Bild 47b).
Der Transistor weist gegenüber der Vakuumelektronenröhre als dem nach
der Leistung vergleichbaren, aktiven Bauelement eine Reihe von Vor-
teilen auf: Es wird keine Heizung benötigt, so daß der Wirkungsgrad
wesentlich höher liegt, eine bedeutend geringere Leistung in Wärme umgesetzt wird, eine Anheizzeit nicht erforderlich und damit sofortige Be-
triebsbereitschaft vorhanden ist. Der Fortfall der geheizten Katode als

einem der Abnutzung unterworfenen Teil bei der Elektronenröhre ist eine
der Voraussetzungen für eine hohe Lebensdauererwartung des Transistors.
Der kompakte Aufbau des Transistors und seine geringen Abmessungen
sind weitere Vorteile, insbesondere hinsichtlich des Raumbedarfs und der
Unempfindlichkeit gegenüber mechanischen Beanspruchungen durch
Schwingungen und Stöße.

Der anfänglich rasche Einsatz des Transistors für Automatisierungsmittel
nach seinem Aufkommen wich bald einer gewissen Zurückhaltung, da sich
die ursprünglich angenommene hohe Lebensdauer und Zuverlässigkeit
nicht als unmittelbar gegeben erwies. Es stellte sich bald heraus, daß sowohl bei der Herstellung der Transistoren noch bedeutende Fortschritte
erzielt als auch die Besonderheiten des Transistors, insbesondere die
Temperaturabhängigkeit seiner Kenndaten, bei der Realisierung von
Schaltungen stärker beachtet werden mußten.

Für die ersten Typenreihen von Flächentransistoren wurde als Grundmaterial Germanium in hochreiner, einkristalliner Form verwendet, das
noch während des Herstellungsverfahrens (Ziehen eines Einkristalls aus
einer Schmelze) in einer Leitfähigkeitsfolge npn (seltener pnp) dotiert und
danach in npn- (bzw. pnp-) Scheiben zerlegt wurde (*Wachstumstransistor*),

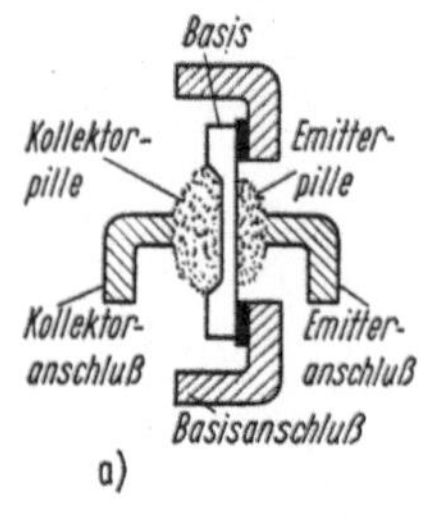

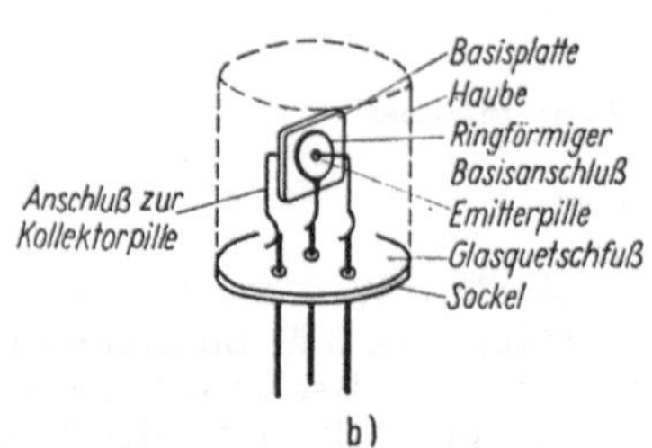

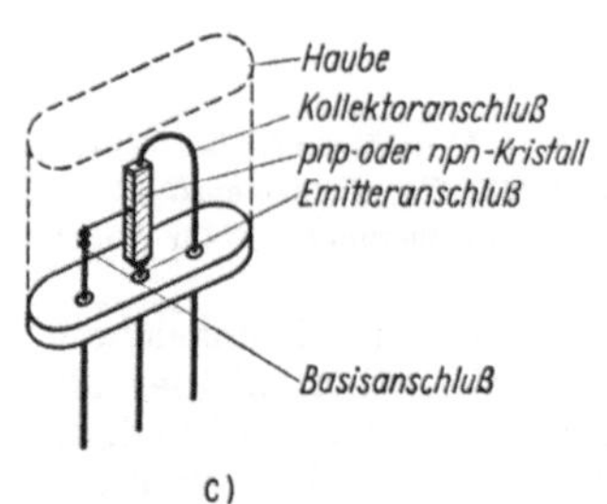

Bild 48. *Legierungstransistor*
a) prinzipieller Aufbau; b) in gekapselter Form; c) Wachstumstransistor

oder es wurden n- bzw. p-dotierte Scheiben (s. Abschn. 2.1.3.) durch
beiderseitiges Einlegieren je einer Pille aus Akzeptoren- bzw. Donatoren-
material in eine pnp- bzw. npn-Anordnung übergeführt (*Legierungstransistor*) (Bild 48a). Die Halbleiteranordnung ist an Emitter, Basis und Kollektor kontaktiert und zum Schutz gegen schädliche Umgebungseinflüsse,
wie mechanische Einwirkungen, Feuchtigkeit, Licht, chemisch aggressive

Gase und Dämpfe, mit einer geschwärzten Glas-, einer Kunststoff- oder einer Metallhaube überdeckt, die mit dem Sockel gasdicht verschmolzen oder verschweißt ist (s. Bild 48b und c). Die Elektrodenzuführungen, als Lötdrähte ausgebildet, befinden sich im Sockel und sind durch Anordnung und Farbpunkt unterschieden. Die Haubenformen sind vielfältig; im allgemeinen haben sich aus Zweckmäßigkeit und technologischen Gründen international weitgehend übereinstimmende Formen herausgebildet.

Die Glas- und Kunststofftechnik wird nur noch bei Miniaturtransistoren angewendet. Für merkliche Leistungen ist die Metallkappe für einen guten wärmeleitenden Kontakt zu einem Kühlblech vorteilhaft.

Germaniumtransistoren für NF-Verstärker werden heutzutage fast ausschließlich (zu 90%) als pnp-Legierungstransistoren, vor allem für hohe Leistungen, hergestellt. Dabei wird für die Kollektorpille wegen einer guten Wärmeableitung vorwiegend ein Metallmaterial (Indium) verwendet; sie wird größer als die Emitterpille gewählt und für größere Leistungstypen mit dem Metallgehäuse verbunden.

Eine weitere Herstellungsmethode ist die Diffusionstechnik, bei der in ein n-dotiertes Germaniumplättchen beiderseitig Akzeptormaterial direkt aus der Dampfphase eindiffundiert und die pnp-Anordnung anschließend mit Gold kontaktiert wird *(Diffusionstransistor)*.

Die Hochfrequenzeigenschaften von Wachstums-, Legierungs- und homogen diffundierten Transistoren, die außer für Oszillatoren auch für schnelle Schaltvorgänge Bedeutung haben, sind unbefriedigend. Dieser Tatbestand ist auf die untere Grenze der Beeinflussung zurückzuführen, die bei den genannten Herstellungsverfahren auf die Dicke und Breite der Basiszone ausgeübt werden kann. Es wurden daher bereits bei Germaniumflächentransistoren neue Verfahren gesucht, die eine gezielte Erhöhung der oberen Grenzfrequenz bezwecken.

Eine Methode ist die Erzeugung einer inhomogenen Dotierung in der Basiszone, um ein Driftfeld für die Ladungsträger und damit ihre erhöhte Beschleunigung bei Aussteuerung, d. h. eine verkürzte Laufzeit in der Basiszone, zu erreichen. Solche Transistoren nennt man *Driftfeldtransistoren*, wobei allerdings diese Bezeichnung im engeren Sinn auch die Diffusionstechnik aus der Dampfphase einschließt, bei der die Eindringtiefe des Dotierungsmaterials durch die Temperatur während der Diffusion und die Dotierungsdichte durch die Dauer der Diffusion beeinflußt werden.

Ein Driftfeldtransistor nach dem Legierungsverfahren ist der *Drifttransistor*, dessen Grundmaterial durch Einbringen von Störstellen inhomogen dotiert wird, bevor die Emitter- und die Kollektorpille einlegiert werden. Die inhomogene Ladungsträgerverteilung in der Basis bewirkt ein Driftfeld, das dem Transistor bessere HF-Eigenschaften als bei einem homogen dotierten Legierungstransistor verleiht. Beim *legierten Diffusionstransistor* werden diese Arbeitsgänge gleichzeitig durchgeführt. Auf ein schwach dotiertes p-Germaniumplättchen werden eine Emitter- und eine Basispille als Material aufgesetzt, das aus langsam diffundierenden p- und n-Elementen sowie Arsen unterschiedlicher Konzentration besteht. Beim Einlegieren der Pillen dringt Arsen durch Verdampfen außer in die unter den Pillen befindliche Schicht auch in die gesamte Oberfläche des p-Plättchens ein (Bild 49a), so daß dieses Plättchen vollständig von einer n-Schicht umgeben ist, die in der wirksamen Basiszone inhomogen dotiert ist. Die inaktive n-Schicht wird abgeätzt, um die Basisschicht im Interesse guter HF-Eigenschaften (kleiner Kapazitäten) flächenmäßig zu verringern. Die p-Zone wird als Kollektor kontaktiert (s. Bild 49b). Der legierte Diffusionstransistor ähnelt damit dem *Mesatransistor*; dieser wird ebenfalls aus p-Material hergestellt, in das n-Material (Antimon) aus der Dampfphase mit exponentieller Störstellenverteilung eindiffundiert wird (s. Bild 49c). Während man hierbei für den Basisanschluß Gold aufdampft oder -legiert, wird für den Emitter Aluminium verwendet, das in die n-Schicht eindringt und diese zur p-Zone kontradopt. Schließlich ätzt man den p-Block so weit ab, daß nur noch der „Tafelberg" (Mesatafel) mit Emitter- und Basiszone verbleibt und kleine Kapazitäten gewährleistet sind.

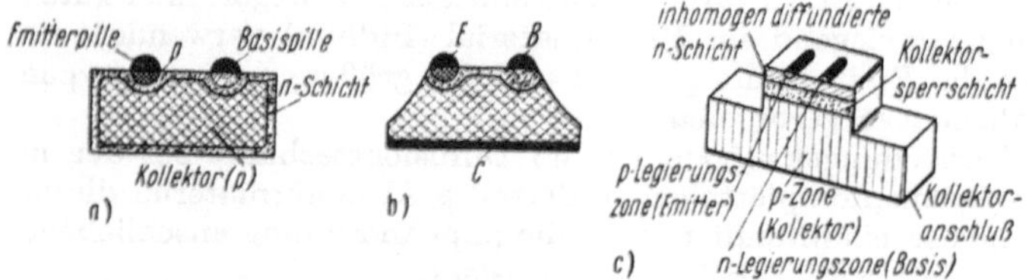

Bild 49. *Legierter Diffusionstransistor*
a) prinzipieller Aufbau; b) Endform; c) Mesatransistor

Soweit die Erläuterungen zum Verständnis der Bezeichnungen und Eigenschaften von Germaniumflächentransistoren. Die angewendeten Herstellungsverfahren lassen die Möglichkeit erkennen, daß sich die Eigenschaften der so hergestellten Flächentransistoren während ihrer Verwendung verändern, und zwar durch eine — entsprechend der während des Betriebs herrschenden Kristalltemperatur — weiterbestehende Diffusion im Halbleiter und durch Eindiffundieren von Verunreinigungen aus der Umgebung. Diese Umgebung — die Schutzgasatmosphäre — enthält nur durch hohen Aufwand entfernbare Spuren von Elementen, die eindiffundieren können. Damit mußten die ursprünglichen Erwartungen auf eine hohe Lebensdauer von Transistoren reduziert werden.

Auch für Siliziumtransistoren waren diese Tatbestände gegeben. Die Einführung der Siliziumtransistoren brachte gegenüber Germaniumtypen zunächst folgende Vorteile: höhere zulässige Sperrschichttemperatur, daher relativ größere Verlustleistung, ferner größere Kollektorspannungen, größere Kurzschlußstromverstärkung und kleinere Kollektorrestströme. Die Veränderung der Eigenschaften während des Betriebs aber verblieb, da die Herstellungsmethoden für Siliziumtransistoren anfänglich von denen der Germaniumtransistoren abgeleitet wurden.

Eine entscheidende Etappe in der Transistortechnik für die Belange der Automatisierung wurde durch die Entwicklung der Planartechnik erreicht. Fast gleichzeitig wurde die Epitaxialtechnik eingeführt und mit der Planartechnik kombiniert.

Bei der Planartechnik werden die Teile der Sperrschichten, die an der Oberfläche der Halbleiteranordnung liegen, durch eine Oxydation des Siliziums in Siliziumdioxid übergeführt. Siliziumdioxid ist eine äußerst

beständige Verbindung[1]); sie setzt Oberflächeneffekte an den Sperrschichten stark herab, so daß geringe Restströme und über lange Zeit
unveränderliche Eigenschaften des Transistors bewirkt werden. Ein Pla-
nartransistor hat vorwiegend n-Silizium als Ausgangsmaterial für die
Kollektorzone, das eine SiO_2-Schicht erhält, in die ein Fenster eingeätzt
wird (Bild 50a). Im Fensterausschnitt wird mit eindiffundiertem Bor die
p-dotierte Basiszone erzeugt; die Sperrschichtränder werden erneut mit
Siliziumdioxid verschlossen (s. Bild 50b), in die ein weiteres Fenster für
die Eindiffusion von Phosphor zur Kontradopung eines Teiles der Basiszone zum n-leitenden Emitter eingeätzt wird. Eine weitere Oxidierung
und Ätzung zum Anschluß der Kontakte für Emitter und Basis schließt
den Herstellungsgang ab (s. Bild 50c).

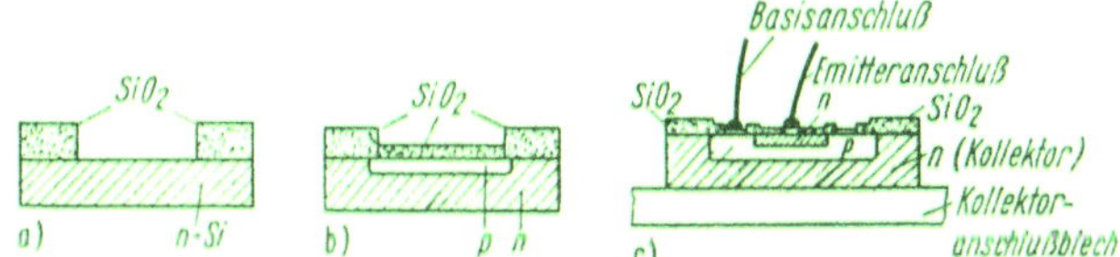

Bild 50. Herstellungsablauf für npn-Planartransistor

Die epitaxiale Technik bringt den zusätzlichen Vorteil, die verhältnis-
mäßig dicke Halbleiterschicht und den entsprechend großen Bahnwider-
stand der Kollektorzone herabzusetzen, indem auf stark dotiertes Ausgangsmaterial eine dünne Schicht schwach dotierten Materials durch Aufdampfen aufgebracht wird.
Siliziumtransistoren werden vorwiegend als npn-Epitaxial-Planar-Tran-
sistoren angeboten. Sie haben offenkundig bedeutende Vorteile gegenüber
Germaniumtransistoren. Es ist daher nicht ungewöhnlich, wenn trotz
des z. Z. noch höheren Preises Siliziumtransistoren in stark zunehmendem
Maß die Germaniumtransistoren aus Geräten zur Automatisierung ver-
treiben, sofern nicht eine relativ gut klimatisierte Umgebung beim Einsatz
der Geräte (Warte) gewährleistet ist.

Schalttransistoren

Bei Verwendung eines Transistors als Schalter erfolgt eine Aussteuerung
zwischen zwei Punkten im I_C-U_{CE}-Kennlinienfeld (Bild 51): Für die
Schalterstellung „offen" wird durch die Basisspannung $U_{BE} = 0$ der Kollektorstrom auf den Wert des Kollektorreststroms I_{CBO} herabgesetzt,
während die Kollektorspannung praktisch den vollen Betrag der Speisespannung U_b erreicht (Punkt A). In der Schalterstellung „geschlossen"
steuert man den Transistor bis zu einem Kollektorstromwert aus, für den
die Kollektorspannung den Betrag der Kollektorrestspannung U_{CEC}[2]) an-

---

[1]) Die Planartechnik läßt sich bei Germanium wegen der Unbeständigkeit seines Oxids nicht
anwenden.
[2]) Unterhalb der Kollektorrestspannung ist der Pentodencharakter der Transistorkennlinien
aufgehoben; die I_C-U_{CE}-Kennlinien biegen aus ihrem zur U_{CE}-Achse parallelen Verlauf zum
Nullpunkt der Diagrammachsen ab, so daß eine starke, unerwünschte Abhängigkeit zwischen
Kollektorstrom und -spannung besteht.

nimmt (Punkt B); der vom Kollektorstrom am Verbraucher R_A im Kollektorkreis erzeugte Spannungsabfall ist gleich der Differenz aus der Speisespannung U_b und der Kollektorrestspannung U_{CEO}. Bei der Umsteuerung zwischen beiden Zuständen wird die Widerstandsgerade R_A durchfahren.

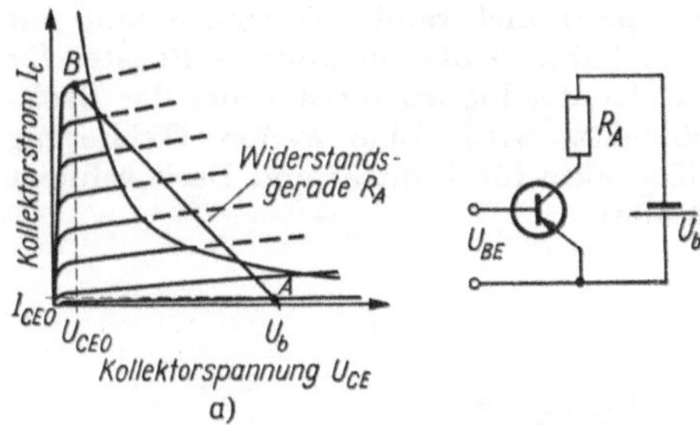

Bild 51. Schalttransistor
a) Aussteuerung; b) Schaltung

Grundsätzlich ist jeder Flächentransistor zu Schaltzwecken brauchbar. Ein Transistor nähert sich um so mehr einem idealen Schaltverhalten, je kleiner die Werte für Kollektorreststrom sowie Kollektorrestspannung sind und je kleiner die Zeit ist, die er bei impulsförmiger Änderung der Basissteuerspannung zum Übergang zwischen beiden Schaltzuständen benötigt. Diese für das Schaltverhalten günstigen Eigenschaften bieten Schalttransistoren; sie sind durch kleine Durchsteuerzeiten und hohe Kollektorspannungen gekennzeichnet.

Für Schalttransistoren ist auch das im Bild 51 angedeutete Durchsteuern des Kennlinienbereichs oberhalb der Grenzleistungskurve gestattet, da die auftretende Erwärmung infolge der kurzen Umschaltzeit unterhalb des zulässigen Wertes gehalten werden kann. Die mit einem Schalttransistor schaltbare Leistung steigt mit den maximal zugelassenen Werten für Kollektorspannung und Kollektorstrom.

Auch für kleine Schaltleistungen sind Schalttransistoren von starkem Interesse, insbesondere bei der Realisierung von Schaltungen der Digitaltechnik (vgl. [RA 38]).

Fototransistoren

Ein Fototransistor vereinigt in sich das Verhalten einer Fotodiode (s. Abschn. 2.4.3.) mit dem Verstärkungsmechanismus eines gewöhnlichen Flächentransistors. Dazu ist der pn-Übergang zwischen Basis und Kollektor konstruktiv zur Fotodiode ausgebildet und durch ein in der Haubenwand eingebautes, lichtdurchlässiges Fenster beleuchtbar. So ist ein normaler Transistor mit Glaskolben bei Beschädigung der Lichtschutzschicht in seinen elektrischen Daten von der Beleuchtung abhängig. Die durch Beleuchtung erzeugten Minoritätsträger liefern einen zusätzlichen Beitrag zum Sperrstrom vom Kollektor zur Basis. Damit ist aber eine Zunahme des Emitterstroms verbunden, so daß infolge des Verstärkungsmechanismus der Fotodiodenstrom als Kollektorstromänderung verstärkt erscheint.

Der Arbeitspunkt des Transistors wird dabei fest gewählt, die Steuerung wird allein durch die Beleuchtung der Fotodiode vorgenommen.

Der Fototransistor hat die wellenlängenabhängige Empfindlichkeit von Fotodioden gleichen Grundmaterials und gleiches Frequenzverhalten, ist aber um den Verstärkungsfaktor absolut empfindlicher.

In den Katalogen der Hersteller werden Flächentransistoren typenmäßig unterteilt nach dem Grundmaterial (Germanium, Silizium), den Verwendungszwecken (NF- oder HF-Verstärkerstufen, Schalter) sowie der Leistung (Vorverstärker, Treiberstufen als Vorverstärker von Leistungsverstärkern sowie Leistungsstufen).

Bild 52 zeigt eine Auswahl von Flächentransistoren.

Bild 52. Bauformen von Transistoren (mit Kühlblechen bzw. -körpern)

Die Leistungsgrenze für NF-Transistoren liegt z. Z. bei 100 W, hat also bereits den Bereich der Vakuumelektronenröhre erreicht; für Schalteranwendung werden bereits Leistungen von 1,2 kW erreicht, die in wenigen Mikrosekunden geschaltet werden, während für 100 W dies bereits in 50 ns erreicht wird. Mit Silizium-Epitaxial-Planartransistoren (npn) werden Kurzschlußstromverstärkungen von 350 bis 500 erreicht. Für geringe Verstärkungen sind solche Transistortypen bereits bis 1,3 GHz angewendet worden.

Für die Bezeichnung von Flächentransistoren gilt ein international weitgehend verwendeter Schlüssel. Der erste Buchstabe des Typenzeichens kennzeichnet das verwendete Grundmaterial: G für Germanium und S für Silizium. Der zweite Buchstabe weist auf Leistung und Verwendung hin:

C NF-Transistor,

D NF-Leistungstransistor,

F HF-Transistor,

L HF-Leistungstransistor,

S Schalttransistor,

U Leistungsschalttransistor.

Die angehängte Zahlenkombination ist der Typenreihe zugeordnet.

3.3.2. *Feldeffekttransistoren*

Bereits lange Zeit vor der Erfindung des Transistors auf der Basis eines
pn-Übergangs wurden Versuche unternommen — wegen des Mißerfolgs
allerdings wieder eingestellt —, die Steuerung eines Ladungsträgerstroms
in einem Halbleiter durch ein elektrisches Feld zu erreichen. Auch nach
der weiten Verbreitung, die der Flächentransistor gefunden hat, fehlte
es nicht an Experimenten, ein Halbleiterbauelement zu entwickeln, das
entsprechend zur Vakuumelektronenröhre eine praktisch leistungslose
Steuerung eines Ladungsstroms im Halbleiter durch Ausbildung eines Raum-
ladungsfelds ermöglichte. Diese Entwicklung führte unter Anwendung
der technologischen Verfahren für Flächentransistoren über verschiedene
Ansätze, wie dem „Statistor", dem „Unipolar-Transistor", „Tecnetron"
und „Alcatron", zu den gegenwärtig verfügbaren Feldeffekttransistoren,
deren Entwicklung aber noch im vollen Gang ist.
Es werden zwei nach Herstellung und Eigenschaften unterschiedliche
Arten von Feldeffekttransistoren angeboten: Sperrschicht-Feldeffekttransistoren und MOS-Feldeffekttransistoren.

Sperrschicht-Feldeffekttransistoren

Der zu steuernde Strom fließt in einem stark p- (oder n-) dotierten Halbleiter (vorwiegend Silizium) als Majoritätsträgerstrom von der Quell-
elektrode S (Source) zur Abflußelektrode D (Drain)[1] (Bild 53a). Beider-
seits des Strompfads ist eine Zone starker n-Leitfähigkeit als Steuerelektrode G (Gate) angeordnet. Die Herstellung erfolgt durch Planar-
Epitaxial-Technik oder Epitaxial-Diffusions-Technik. Der Widerstand des

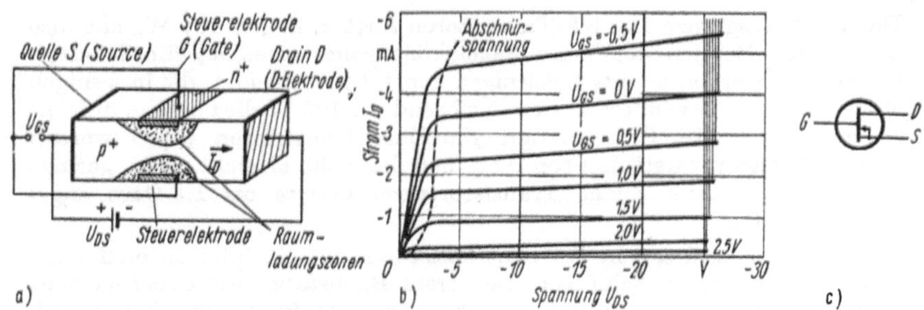

Bild 53. *Sperrschicht-Feldeffekttransistor*
a) Aufbau; b) Kennlinienfeld; c) Beispiel eines Schaltzeichens (p-Typ)

Strompfades $S{-}D$ ist bei konstanten geometrischen Abmessungen der An-
ordnung nur von der Leitfähigkeit des Halbleitermaterials abhängig. Bei
Anlegen einer Betriebsspannung U_{DS} zwischen S und D mit negativem
Pol an D fließt durch die Halbleiterstrecke ein Strom, der einen jeden
Punkt im Strompfad um so mehr negativ gegen die mit S verbundene
Steuerelektrode G werden läßt, je größer die Spannung und damit der

---

[1] Für die genannten englischen Bezeichnungen der Elektroden eines Feldeffekttransistors haben
sich noch keine einheitlichen deutschsprachigen Ausdrücke herausgebildet.

Strom I_D ist und je weiter dieser betrachtete Punkt von der S-Elektrode entfernt ist. In dieser Polung besteht zwischen dem Strompfad und der Steuerelektrode Sperrschichtverhalten, dem Raumladungszonen entsprechen, die sich mit zunehmender Betriebsspannung U_{DS} von der Steuerelektrode zur Strompfadmitte ausweiten. Raumladungszonen sind Bereiche, in denen Majoritätsträger des Strompfads gegen die n-Schicht des Steuerelektrodenbereichs gebunden sind, d. h. Zonen, die verarmt sind an Ladungsträgern, die zum Stromdurchgang zwischen S und D beitragen. Damit bewirken die Raumladungszonen von einer bestimmten Spannung U_{DS} ab eine merkliche Erhöhung des Widerstands entlang des Strompfads S–D, so daß die Strom-Spannungs-Kennlinie (I_D-U_{DS}-Kennlinie im Bild 53b für $U_{GS} = 0$) von der eines rein ohmschen Widerstands abweicht und Sättigungserscheinungen zeigt. Diese Spannung U_{DS} heißt Abschnürspannung; bei dieser Spannung besteht zwischen den beiden Teilen der Raumladungszone um die Steuerelektrode nur noch ein Strompfadquerschnitt, der den zur Aufrechterhaltung der Raumladungsverhältnisse notwendigen Sättigungsstrom I_D zuläßt. Wird im Gebiet oberhalb dieses Sättigungswerts eine Steuerspannung U_{GS} an die Steuerelektrode G gegen die S-Elektrode gelegt, so wird die Raumladungszone an den zur Steuerelektrode bestehenden Sperrschichten verkleinert bzw. vergrößert, wenn $U_{GS} < 0$ (G negativ gegen S) bzw. $U_{GS} > 0$ ist, und damit der Widerstand des Strompfads vermindert bzw. vergrößert. Bild 53b zeigt die zugehörigen I_D-U_{DS}-Kennlinien für verschiedene Werte der Steuerspannung U_{GS}. Die Steuerspannung hat also über ihr zum Strompfad transversales Feld eine Steuerwirkung auf den Strom I_D (daher die Bezeichnung Feldeffekttransistor). Sie hat, bezogen auf die Elektrode S, zur Elektrode D entgegengesetzte Polarität.

Der Arbeitsbereich des Feldeffekttransistors wird im Gebiet oberhalb der Abschnürspannung gewählt, für das Pentodenverhalten vorliegt. Das Kennlinienfeld ist durch das Durchbruchverhalten der Sperrschicht begrenzt.

MOS-Feldeffekttransistoren

MOS-Feldeffekttransistoren sind durch eine vom Halbleiter mittels Siliziumdioxids isolierte Steuerelektrode G gekennzeichnet (Bild 54a)[1]), die mit dem p-dotierten, über die Basis B angeschlossenen Halbleiterpfad und

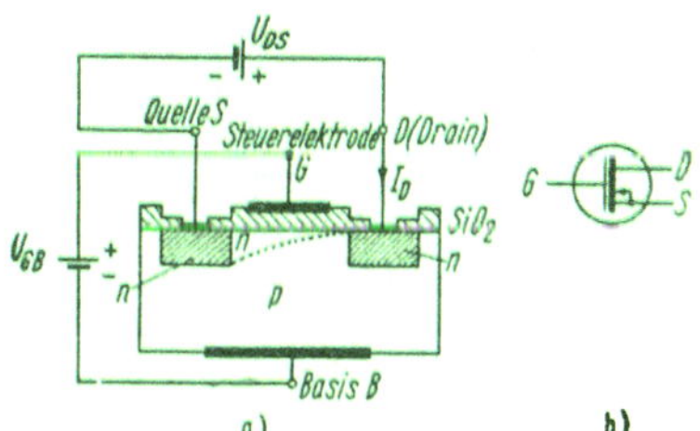

Bild 54. MOS-Feldeffekttransistor
a) Aufbau; b) Schaltzeichen

<hr>

1) Auch MOSFET = Metal-Oxide-Semiconductor-Field-Effect-Transistor oder IGFET insulated-gate FET = isolierter FET genannt.

79

SiO_2 als Dielektrikum einen Kondensator bildet. Der Anschluß der Quelle S und der Abflußelektrode D ist über stark dotierte n-Gebiete hergestellt. Die Anordnung wird durch Anwendung der Planartechnik realisiert. Bei Anlegen einer Spannung U_{GB} zwischen Steuerelektrode und Basis mit dem positiven Pol an der Steuerelektrode werden Ladungen des quellenseitigen n-Gebiets unter die SiO_2-Oberfläche gezogen und Löcher des p-Gebiets aus dieser Zone verdrängt. Damit erzeugt das zum p-Halbleitergebiet transversale Feld eine n-leitfähige Schicht unter der SiO_2-Schicht, die den Stromdurchgang von der Quelle S zur positiven Elektrode D ermöglicht. Die Spannung U_{GB} zwischen Steuerelektrode G und Basis B ist damit in der Lage, steuernd auf den Strom I_D einzuwirken. Dabei hat die Steuerelektrode des MOSFET wie bei einem Flächentransistor und im Gegensatz zum Sperrschicht-FET die gleiche Polarität zur Quelle S wie die Elektrode D. Das I_D- U_{DS}-Kennlinienfeld eines MOSFET mit U_{GB} als Parameter unterscheidet sich im Prinzip von dem eines Sperrschicht-FET nur durch die inverse Polarität der Steuerspannung. Ein MOSFET kann auch in der Leitfähigkeitsfolge pnp hergestellt werden.

Feldeffekttransistoren zeichnen sich durch einen der Elektronenröhre entsprechend hohen Eingangswiderstand (10^{10} bis 10^{15} Ω), durch eine brauchbare Größe der Steilheit (1 bis 40 mA/V) und durch eine geringe Eingangskapazität aus. Die Betriebsspannung (U_{DS}) liegt bei 25 bis 30 V, die Verlustleistung bei 10 W. MOSFET sind wegen der geringen dielektrischen Festigkeit der Isolierung an der Steuerelektrode durch hohe Spannungen, z. B. schon durch statische Aufladung bei Auftreten von Reibungselektrizität, stark gefährdet. Deshalb wird meist eine schützende Zenerdiode zwischen Steuerelektrode und Halbleiter eingebracht. Sie mindert den Eingangswiderstand auf Werte unter 10^{14} Ω.

Feldeffekttransistoren sind erst seit kurzer Zeit erhältlich und daher noch selten in Automatisierungseinrichtungen zu finden. Sie werden für Schaltungen eingesetzt, bei denen sich die Elektronenröhre relativ zum Flächentransistor wegen ihres hohen Eingangswiderstands bisher als unersetzlich erwies. Damit ist eine weitere Lücke in der Reihe der Halbleiterbauelemente geschlossen, die die Vakuumelektronenröhre ablösen.

Über die Schaltzeichen für Feldeffekttransistoren existiert noch keine einheitliche Festlegung, Beispiele zeigen Bild 53c bzw. 54b.

8.4. Steuerbare Halbleitergleichrichter

Ausgangsbaustein dieses Bauelements ist die *Vierschichtdiode*, ein vorwiegend nach der Leitfähigkeitsfolge npnp dotierter und an den Enden kontaktierter Siliziumeinkristall. Die nach Bild 55a angelegte Gleichspannung U betreibt die äußeren pn-Übergänge S_1, S_3 in Durchlaß-, den inneren (S_2) in Sperrichtung. Zum Verständnis der Wirkungsweise kann man sich die Vierschichtdiode aus zwei Transistoren komplementärer Leitfähigkeitsfolge (npn und pnp) zusammengesetzt vorstellen, wobei der innere pn-Übergang S_2 beiden Transistoren als Basis-Kollektor-Strecke gemeinsam ist. Der durch die Speisespannung U verursachte Strom I durch die Vierschichtdiode ist der Emitterstrom beider Transistoren, I_{Ep} bzw. I_{En}, der sich beim Übergang an der Grenzschicht S_1 bzw. S_3 jeweils in den Basisstrom I_{Bp} bzw. I_{Bn} und den Kollektorstrom I_{Cp} bzw.

I_{Cn} teilt. Da beide Transistoren ohne Basissteuerstrom betrieben werden, sind große Werte für die Spannung U erforderlich, um die Kollektorströme merklich anwachsen zu lassen. Für Spannungswerte unterhalb der Schaltspannung U_s fließt ein geringer Schaltstrom I_s (Bild 55b). Er resultiert aus der Überlagerung der beteiligten Ströme. In der p-Basis ergibt sich aus dem Kollektor- (Löcher-) Strom I_{Cp}, dem Basis- (Elektronen-)

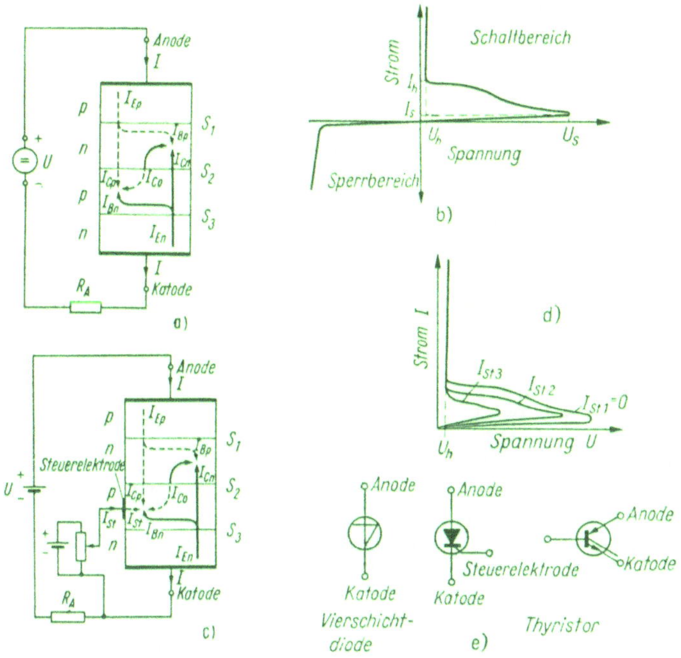

Bild 55. Vierschichtdiode
a) Aufbau, Schaltung, b) Kennlinie

Steuerbarer Halbleitergleichrichter (Thyristor)
c) Aufbau, Schaltung; d) Kennlinien; e) Schaltzeichen für Vierschichtdiode und steuerbaren Halbleitergleichrichter

Strom I_{Bn} und dem Kollektor- (Löcher-) Reststrom I_{C0} der eine Teil dieses Schaltstroms, in der n-Basis der andere Anteil aus I_{Bp} (Löcherstrom), I_{Cn} (Elektronenstrom) und I_{C0} (Elektronenstrom). Bei Überschreiten der Grenzspannung U_s übersteigt in jeder Basiszone der Kollektorstromanteil die Resultierende aus dem Basis- und Kollektorreststrom. Damit verliert der pn-Übergang S_2 seine Sperrwirkung, die an der Vierschichtdiode liegende Spannung sinkt auf den Wert der Haltespannung U_h, der etwa dem Spannungsabfall eines pn-Übergangs in Durchlaßrichtung (0,5 bis 1 V) entspricht. Der Durchlaßstrom muß durch einen Widerstand (Verbraucher R_A) auf einen Wert unterhalb des thermisch zulässigen (je nach Typ 50 mA bis 70 A) begrenzt, aber oberhalb des minimalen Haltestroms I_h gehalten werden. Bei Unterschreiten der Haltespannung bzw.

des Haltestroms kehrt die Vierschichtdiode in den gesperrten Zustand zurück. Bei umgepolter Speisespannung bleibt diese Anordnung infolge der in Sperrichtung betriebenen äußeren pn-Übergänge noch für sehr große Spannungswerte gesperrt.

Eine Vierschichtdiode verhält sich demnach als spannungsgesteuerter Schalter und ist wie ein Stromtor einsetzbar. Die Schaltspannungswerte liegen typenmäßig zwischen 20 und 200 V; der Schaltstrom beträgt etwa 0,2 mA. Der Durchbruchzustand besteht für Halteströme von 1 bis 50 mA. Die Umschaltzeit zwischen beiden Zuständen liegt unter 0,5 µs; die zulässige Umgebungstemperatur beträgt —40 bis +140 °C. Der Schaltspannungswert ist eng tolerierbar ($\pm$ 10 bis $\pm$ 20%), der Haltestrom dagegen stark streuend (max. $\pm$ 80%) und temperaturabhängig. Diese Temperaturabhängigkeit ist durch den Kollektorreststrom I_{C0} und das Teilerverhältnis zwischen Basis- und Kollektorstrom bedingt. Für höhere Temperaturen nimmt der Schaltstrom zu, begleitet von einer Abnahme der Schaltspannung. Dagegen ist die Sperrfähigkeit der Vierschichtdiode bei Umpolung der Speisespannung (Anode negativ) nahezu temperaturunabhängig. Vierschichtdioden werden seit der Einführung steuerbarer Halbleitergleichrichter praktisch nicht mehr verwendet.

Ein *steuerbarer Halbleitergleichrichter* geht aus der Vierschichtdiode durch Verwendung z. B. der katodenseitigen p-Zone als Steuerelektrode St mit positiver Steuerspannung gegen Katode hervor (s. Bild 55c). Der Steuerstrom I_{St} (Löcherstrom) liefert neben I_{Cp}, I_{C0} und I_{Bn} einen Beitrag zum resultierenden Anteil von I, d. h., bereits für kleinere Werte des Kollektorstroms I_{Cp} und damit für kleinere Werte der Schaltspannung U_s setzt der Durchbruch ein. Der Schaltstrom I_s nimmt mit steigendem Steuerstrom I_{St} zu (s. Bild 55d), die Kennlinie „schrumpft" zusammen. Bei fest gewählter Speisespannung wird die Umschaltung vom Sperr- zum Durchlaßzustand allein vom Steuerstrom vorgenommen. (Im Gegensatz zum Stromtor, bei dem die Steuerspannung den Zündeinsatz bestimmt.)

Die Sperrung des gesteuerten Halbleitergleichrichters nach erfolgtem Durchbruch mittels des Steuerstroms ist aus thermischen Gründen nur bei Typen mit kleinerem Haltestrom möglich, bei allen anderen entsprechend dem Stromtor nur durch Senkung der Speisespannung unter den Wert der Haltespannung. Infolgedessen bietet sich die Wechselspannung als Speisespannung an. Allerdings muß die Halbleiteranordnung bei induktiver Last (R_A) vor Überspannungen geschützt werden. Daher werden die Schaltungen, die bei Stromtoren gebräuchlich sind, hierbei durch *RC*-Glieder ergänzt.

Gesteuerte Halbleitergleichrichter (auch *Trinistor*, *Vierschichttriode* oder *Halbleiter-Thyratron* genannt) werden z. Z. für maximal 1,3 kV Sperrspannung, 400 A Dauerstrom und 3000 A Spitzenstrom angeboten. Dabei beträgt der Steuerstrom max. 40 A, die Steuerleistung 16 W und die Schaltspannung 2,1 V.

Als *Symistoren* werden nach dem Thyristorprinzip integriert ausgeführte Anordnungen für Vollwegschaltungen bezeichnet. Entsprechend der thermischen Belastung ist die Verwendung geeignet vorgeschriebener, meist konstruktiv mit dem Gleichrichter verbundener Kühlkörper notwendig. Es ist zu erwarten, daß die angegebene Leistungsfähigkeit gesteuerter Halbleitergleichrichter noch gesteigert werden kann. Da sie keine Verschleißteile, wie Stromtore (geheizte Katode), haben, damit also eine höhere Lebensdauer erwarten lassen, keine Heizung benötigen und sofort betriebsbereit sind, ferner zusätzlich einen höheren Wirkungsgrad und ein Zehntel der Schaltzeit eines Stromtors aufweisen, werden Halbleiterthyratrons in den erreichbaren Leistungsgrenzen in stark steigendem Maß eingesetzt. Die zulässige Umgebungstemperatur beträgt —40 bis 125 °C. Das Schaltzeichen ist nicht einheitlich (Bild 55e), ebenso das Typenzeichen.

4. Perspektiven

Die sich vollziehende technische Revolution ist eng mit der Entwicklung auf dem Gebiet der elektronischen Bauelemente verbunden und durch sie mitbestimmt. Der Zeitraum zwischen der Erfindung eines neuen Bauelements und seiner Produktion sowie seiner Anwendung ist stark zusammengeschrumpft, und so ist es nicht überraschend, daß in sehr kurzer Zeit Bauelemente, wie die Vakuumelektronenröhre und das Stromtor, in Neuentwicklungen auf dem Gebiet der Automatisierungsmittel durch Halbleiterbauelemente verdrängt worden sind. Das Gebiet der Halbleiterbauelemente hat sich in den letzten Jahren stark erweitert, so daß es nicht möglich ist, mehr als die wesentlichen Vertreter zu behandeln. So wurden in diesem Rahmen nicht behandelt: Hallgeneratoren, magnetfeldabhängige Widerstände, spannungsabhängige Widerstände, PTC-Widerstände (Widerstände mit positivem Temperaturkoeffizienten und fallender Charakteristik), „Currektoren" (Strombegrenzungsdioden als Ersatz für die mechanisch anfälligen Eisen-Wasserstoff-Widerstände), ferner besondere Ausführungen der aufgeführten Bauelemente, wie richtungsabhängige Fotowiderstände, Foto-Thyristoren, Foto-Feldeffekttransistoren, integrierte Thyristoranordnungen wie „Diac"- und „Triac"-Bauelemente, schließlich Bauelemente für Sonderzwecke, wie z. B. Kodierröhren.
Aber nicht nur auf dem Gebiet der Bauelemente selbst sind Neuentwicklungen in rascher Folge zu verzeichnen. Auch in der Art ihrer Anwendung sind tiefgreifende Veränderungen erfolgt, bzw. sie kündigen sich durch Prototypen bereits an.
Nach der herkömmlichen Art wurden elektronische Bauelemente auf einem Chassis montiert und laut Schaltplan zu Funktionsgruppen verdrahtet. Diese Technologie ist für die Herstellung umfangreicher Automatisierungsanlagen umständlich, zeitraubend, unübersichtlich, teuer und mit einem erheblichen Aufwand an Arbeitskräften verbunden. Schaltfehler sind dabei leicht möglich, und die Auswechselbarkeit defekter Baugruppen ist nicht ohne weiteres gegeben, da sie nicht als geschlossene Einheiten auftreten.
Der Weg in der Herstellung elektronischer Bauelemente und ihrer Zusammenschaltung zielt durch Miniaturisierung der Bauelemente und der aus ihnen gebildeten Funktionsgruppen darauf ab, kleinste elektronische Geräte automatisch und billig ohne Einbuße an Zuverlässigkeit und Lebensdauer zu fertigen. Defekte Baugruppen werden dabei grundsätzlich nicht repariert, sondern weggeworfen und durch neue ersetzt.

Es zeichnen sich zwei Hauptrichtungen in der Miniaturisierung ab. In der *Miniaturelektronik* werden durch eine kombinierte Technologie für die Herstellung der Bauelemente und ihre Zusammenschaltung kleinere und einheitliche Abmessungen der Funktionsgruppen angestrebt, so daß sich die Bauteildichte erhöht und teilweise eine automatische Produktion der Baugruppen erreicht werden kann. Die *Molekularelektronik* erzeugt durch Dotierungs- oder Aufdampfverfahren ganze Funktionsgruppen als *Festkörperschaltkreise*.

Der bescheidene Anfang der Miniaturelektronik sind die gedruckten Schaltungen, gegebenenfalls als Steckeinheiten ausgeführt. Hierbei werden leitende Streifen nach einem Schablonenverfahren auf eine Isolierplatte derart aufgebracht, daß sie die auf der Platte an festgelegten Stellen anzuordnenden Bauelemente nach Schaltplan verbinden. Schaltfehler sind dabei weitgehend ausgeschlossen, die Verdrahtungsarbeit entfällt. Ein weitergehendes Beispiel der Miniaturelektronik ist die Modulbauweise, bei der standardisierte Grundplatten einheitlicher Abmessungen verwendet werden, auf denen die Bauelemente angeordnet sind. Die Platten werden übereinandergeschichtet und durch senkrecht zur Schichtebene verlaufende Drähte mechanisch und elektrisch verbunden.

Im Zug der Miniaturisierung zeichnen sich weitere Techniken ab. Hervorzuheben ist die Dünnfilmtechnik, bei der passive Bauelemente, wie Widerstände und Kondensatoren, mit den notwendigen leitenden Verbindungen untereinander (und zu den nachträglich aufzubringenden aktiven Bauelementen) durch Aufdampf- oder fotochemische Verfahren in Verbindung mit der Ätztechnik auf einer Isolierplatte (Glas, Keramik) als dünne Schichten realisiert werden. Schwieriger herstellbar sind dabei Induktivitäten. Aktive Bauelemente wie Transistoren werden hierbei als diskrete Elemente wie bei gedruckten Schaltungen eingelötet.

In der Molekularelektronik werden ganze Schaltgruppen in der Form von Festkörperschaltkreisen aufgebaut. Die Aufdampftechnik schichtet leitende, halbleitende und isolierende Zonen in geeigneter Folge und Abmessung unter Verwendung von Schablonen übereinander und erzeugt damit Funktionsgruppen, wie etwa eine vollständige Transistorverstärkerstufe. Das Dotierungsverfahren nutzt die Möglichkeit, einzelne räumliche Bezirke eines Halbleitereinkristalls unterschiedlich zu dotieren, und erreicht dasselbe Ergebnis: eine Funktionsgruppe in Form eines Würfels.

Dieser Entwicklung, ganze Funktionsgruppen auf engem Raum unterzubringen, sind neben schwer überwindbaren technischen Schwierigkeiten Grenzen dadurch gesetzt, daß mit steigendem Organisationsgrad die Anwendungsbreite relativ zum diskreten Bauelement sinkt, d. h., man wird sich auf häufig wiederkehrende digitale Schaltkreise (Multivibratoren, Operationsverstärker) beschränken müssen.

Außerdem ist besonders bei Festkörperschaltkreisen die Verlustleistung sehr klein. Insofern verbleibt vorläufig den diskreten Bauelementen das Gebiet größerer Leistungen.

Diese kurze Übersicht zeigt, daß Aufbau, Herstellung und Gestalt elektronischer Bauelemente in absehbarer Zukunft völlig neue Formen annehmen werden, da nur auf diese Weise die Produktion elektronischer Geräte mit gleichbleibender Qualität, geringen Abmessungen und niedrigem Preis vollkommen automatisiert werden kann.

Literaturverzeichnis

[1] *Goerke, P.:* Lichtempfindliche Bauelemente für die Automatisierung. Hamburg, Berlin, Bonn: R. v. Deckers Verlag, G. Schenck GmbH 1960.

[2] *Görlich, P.:* Die Photozellen. Technisch-Physikalische Monographien, Bd. 4. Leipzig: Akademische Verlagsgesellschaft Geest & Portig K.-G. 1951.

[3] *Gottschalk, H.:* Bauelemente der elektrischen Steuerungstechnik. REIHE AUTOMATISIERUNGSTECHNIK, Bd. 2. Berlin: VEB Verlag Technik 1963.

[4] *Mierdel, G.; Kroczek, J.:* Selengleichrichter. Berlin: VEB Verlag Technik 1959.

[5] *Rumpf, K. H.:* Bauelemente der Elektronik — Eigenschaften und Anwendung. Berlin: VEB Verlag Technik 1961.

[6] *Schwarze, G.:* Grundbegriffe der Automatisierungstechnik. REIHE AUTOMATISIERUNGSTECHNIK, Bd. 1. Berlin: VEB Verlag Technik 1963.

[7] *Wagner, B.:* Elektronische Verstärker. Berlin: VEB Verlag Technik 1961.

[8] Halbleiter-Bauelemente in der Meßtechnik. VDE-Buchreihe, Bd. 7. Berlin: VDE-Verlag GmbH 1961.

Weitere Bände der REIHE AUTOMATISIERUNGSTECHNIK sind im Text mit [RA ...] gekennzeichnet worden.

Sachwörterverzeichnis